# 教養としての「軍事戦略家」大全

歴史に学ぶ勝利の絶対法則

監修 黒井文太郎

宝島社新書

# はじめに

人間は争う動物である。人類の歴史は、闘争の歴史だ。人は自分、家族、一族、共同体、そして国を守るために外部の敵と戦ってきた。

そして、その勝者が歴史をつくってきた。というより、闘争に敗れた者たちは歴史から去っていったと言ったほうがいいだろうか。

闘争の人類史では、当たり前だが強い者が勝ってきた。しかし、その勝者は必ずしも多くの兵を率いていたわけではない。もちろん最初から大軍団で格下の敵を撃破したシンプルな勝利が圧倒的に多かったのは事実だが、ときに不利な条件でも知略で勝利をもぎとってきた武将たちもいた。

アルプス越えの奇策を成功させたカルタゴの猛将ハンニバル、三国志の名軍師・諸葛亮、一ノ谷の逆落しで平家を打ち破った源義経、桶狭間の奇襲戦を制した織田信長、国民軍をつくったナポレオン、プロイセンの名参謀総長モルトケ、バルチック艦隊を破った東郷平八郎、スペイン無敵艦隊を破った英国の元海賊王ドレーク……。

こうした勝利の多くは、もちろん一人の力だけで成し遂げられたわけではない。チームとしての勝利ではあるが、そこにはチームを引っ張った卓越した指揮官・参謀の力があった。情報を的確に判断し、新しい兵器（技術）や戦術を積極的に取り入れ、状況を瞬時に理解し、兵たちを統率して迅速に動く。こうしたことができてこそ、勝利を手に入れられたのだ。

もちろん現代の日本に生きる私たちは戦争を指揮しているわけではないが、ある種の競争社会に生きていることに変わりはない。こうした先人たちから、現代の私たちが学べることは多い。

２０２０年10月

黒井文太郎

目次



# 一．集中力

# 二・機動力

## 三. 統率力

## 四．情報力

## 五．失敗

# 集中力

1916年、F・W・ランチェスター（英）が発表した『ランチャスターの法則』によれば〝戦闘力は兵力数の2乗に比例する〟という。戦力の集中は戦いの基本原則とされ、自軍の戦闘力を最大限に活かすためには、戦闘力をいかに集中させるかが重要となる。

## 小田原征伐で見せた戦力集中と駆け引きで天下を統一

# 豊臣秀吉

## 希代の戦上手が用いた総力戦

画像：東京大学史料編纂所所蔵模写

織田信長の草履(ぞうり)持ちから身を立て、信長の没後はその権勢を継承して天下統一を果たした戦国の雄。それが豊臣秀吉だ。希代の人たらしとしても知られ、硬軟織り交ぜた人心掌握術(じんしんしょうあくじゅつ)は、並ぶ者がなかったという。それだけで戦国の世における立身出世に重要な素養といえるが、秀吉はさらに、戦上手としても知られていた。

口先だけで世を渡っていく太鼓持ちではなく、ここぞという場面で勝負強さを発揮し、ときにはめぐってきた幸運も手堅く利用する。いわば、度胸と堅実さを的確に使い分けた戦略こそ、秀吉の真骨頂なのだ。そんな男が天下統一を目前にした小田原征伐で見せた戦略・戦術はどのようなものだったのか。

関白となった秀吉は全国の諸大名に惣無事令（そうぶじれい）を発し、私闘を禁じた。しかし北条氏と真田氏のあいだに領土問題が生じると、秀吉は北条氏の惣無事令違反を咎めた。もとより関東に一大勢力を築く北条氏は、秀吉にとって全国統一のために攻略すべき対象である。これを機に北条氏を打倒し、真の天下統一を成し遂げる意気で兵を挙げた。総勢は、九鬼・毛利勢の水軍や前田氏、もともと北条氏とも近かった徳川氏、さらに上杉氏や真田氏ら反北条勢力を含め20万を超えるものである。水軍で大量の兵糧を輸送し、兵站も抜かりなかった。対する北条氏側は関東全域から掻き集めた兵力がおよそ8万。劣勢は火を見るより明らかだった。ここで、ことを荒立てずに秀吉に恭順の意を示めせなかったのが、北条氏の最初の失策となる。

それに追い討ちをかけるように、北条氏は失策を重ねた。一度は小田原城に集めた兵力を周辺の支城に細かく振り分け、戦力を分散させるという愚を犯したのだ。これに対し秀吉は、各支城の攻略にふんだんな兵力を割いた。山中城に籠もる4000に対し約6万8000、韮山（にらやま）城の4000に対し4万4000、松井田城2000に対し約3万5000といった具合だ。城に籠もる兵力の3倍の兵を要するのが攻城戦のセオリーだが、秀吉は実に10倍の兵を割いてことに当たらせた。必要最小限の兵でよしとせず、圧倒的兵力で雌雄を決したのである。ライオンはウサギを狩るにも全力を尽くすという諺があるが、それを地でいく戦術だ。

## マンパワーの集中と活用の妙

秀吉の小田原征伐は、後世にひとつの故事を残した。〝小田原評定〟である。

これは、次々と支城が攻略されながらも籠城をつづける北条氏が、小田原城を包囲する秀吉軍を遠望しながら連日のように善後策を検討しつつ、いつまでたっても結論に至らない様を皮肉ったもの。そうこうするうちに事態は悪化の一途をたどり、もはや引き返すことのできない状況に身を置くこととなった。

そこに、秀吉が決定打を放つ。石垣山一夜城（石垣山城）だ。

小田原各支城を圧倒的な兵力で攻略してきたが、守りの堅い小田原城の惣構(そうがまえ)に対しては力押しをしなかった。その代わりに、小田原城を見下ろす石垣山の中腹の山林に山城を極秘普請し、竣工と同時に樹木を伐採して北条氏に見せつけたのだ。忽然と姿を現わした城郭の威容に北条氏は肝を潰し、ついに開城を決意する。

力を持つ者が出し惜しみすることなく力を集中して振るい示すことで、最後はその力を使わずに勝利を手にした。その駆け引きこそが秀吉の真骨頂であり、生き馬の目を抜く世界で勝ち抜くための妙技といえるだろう。

秀吉は立身出世の過程で、与えられた条件のなかで最善の策を見いだしてそれを実現してきた。それはときに撤退する敗軍の殿（しんがり）を守る行為であり、ときに敵を出し抜く砦の構築であったりした。常に全力でことに当たりながら、一本調子に陥らず変幻自在な戦術を生み出しつづけた。その柔軟さこそ、秀吉の神髄なのだろう。

**とよとみ・ひでよし**●天文6（1537）年2月6日、尾張国（現・愛知県）生まれ。織田信長に仕官して頭角を現し、信長の死後に豊臣政権を確立して天下統一を実現する。天下統一後は太閤検地や刀狩令、惣無事令、石高制などさまざまな政策を実施した。

甲斐の虎と恐れられた戦上手が最後に仕掛けた上洛戦

# 武田信玄

## 疾きこと風の如く、侵掠すること火の如く

画像：東京大学史料編纂所所蔵模写

昇り龍の勢いで勢力を拡大させていた織田信長でさえ直接対決を避けつづけた戦上手の戦国大名が、武田信玄だ。上杉謙信との5度にわたる川中島の戦いがことに知られる。孫子の兵法に由来する「風林火山」の旗指物に象徴されるように、まさに戦の化身といって過言でない人物だ。

そんな信玄の宿願が、上洛である。戦国時代の上洛は天下に覇を唱えるに等しく、それを永禄11（1568）年に実現した織田信長に対しては、忸怩（じくじ）たる想いを抱きつづけていたという。都から至近である美濃国からと、より距離がある甲斐国からでは、大軍勢を率いた上洛そのものの困難さが異なる。戦国武将としては上位に立っ

ていたはずの信玄が信長に後れを取ったのは、こうした地理上の不利があったからだ。だからこそ、信玄は上洛を果たして信長を上回る存在感を天下に示したかった。しかし越後国の上杉氏や相模国の北条氏などとの緊張状態がつづき、さらに駿河国への支配域拡大などに忙殺されたため、思うに任せた行動が取れなかった。

上洛のチャンスは、信玄晩年の元亀3（1572）年にやってきた。信長と対立する将軍・足利義昭の放った「信長包囲網」の檄（げき）に呼応したのである。この頃は北条氏との関係も良好で、後背の憂いはない。信玄は当時の領国内で動員しうる最大の約3万の兵を挙げて、京の都を目指した。いわゆる西上作戦である。

すでに信玄はこの数年前から喀血（かっけつ）を繰り返すなど健康上の不安がつきまとっており、これは大望を果たす最後の機会と捉えていたに違いない。それは、武田軍の戦の進めかたにも如実に表れていた。

途上には、徳川家康が領する遠江国、三河国がある。一時は盟約関係にあった家康も、いまは信長と同盟を結ぶ敵対勢力の一部だ。9月下旬に重臣である山県昌景と秋山虎繁（とらしげ）の別動隊が先発し、信玄率いる本隊も10月上旬には甲斐を出立。破竹の勢いで家康領の支城を攻略していった。このとき、常ならば小さな支城でも1ヶ月ほどかけて攻略するところを、圧倒的兵力を充てることで平均してわずか3日ほどのペースで落としていく。そして信玄は、12月中旬には支城を攻略していた別動隊と本隊を合流させると、大軍を持って家康の本城である遠江国の浜松城の目前にまで迫っていく。まさに〝疾きこと風の如く、侵掠すること火の如く〟だ。

そしてついに、信玄と家康の直接対決のときがやってきた。

## 遅きに失した出陣

もとより圧倒的不利を承知していた徳川方では、浜松城の籠城か開城かで紛糾していたという。しかしなんと、武田軍3万は浜松城の目前を素通りして西進する。これを好機と見た家康は、織田軍からの応援を含む1万数千の兵力で追撃を試みた。だがこれは、信玄が家康を浜松城から引きずり出す計略だった。

信玄は家康の行動を読み、三方ヶ原で魚鱗（ぎょりん）の陣を敷いて待ち構えていた。奇襲のはずが応戦を強いられた家康は鶴翼(かくよく)の陣で抗するが、兵力差と陣形の不利、さらに兵の練度の差もあって壊滅状態に陥った。徳川軍は四散してほうほうの体で逃げ惑うこととなり、家康も命からがらに浜松城まで逃げ延びた。

しかし、信玄の運もまた、尽きようとしていた。持病が悪化し、喀血を繰り返すようになったのである。翌元亀4（1573）年2月には野田城を攻略するものの、ついに上洛を果たすことなく西上作戦を中断。武田軍は甲斐国に撤退を開始した。しかしその途上の4月、ついに信玄は帰らぬ人となる。

甲斐の虎と恐れられた傑物は、策に誤りこそなかったものの、時流のめぐり合わせに恵まれなかったがために、本懐を遂げることができなかった。

**たけだ・しんげん●**大永元（1521）年11月3日、甲斐国（現・山梨県）生まれ。戦国大名として甲斐国の統一を果たし、さらに信濃国を平定する。上杉謙信との川中島の戦いは決着がつかなかったものの、駿河国や東三河にまでその版図を広げた。西上作戦の途上に持病が悪化して没する。

プロイセン参謀本部の栄光

# ヘルムート・フォン・モルトケ

## 軍に「新技術」を導入しオーストリアを撃破

19世紀の中ごろまで、現在のドイツがある地域にはさまざまな小国家が乱立している状態で、統一されたドイツなるものは存在していなかった。「それでいいのか」という声はそれなりにあり、統一ドイツをいかにして形成するかの議論がいたるところで沸き起こっていたのだが、次第にそれは、プロイセンとオーストリアの主導権争いのようなものになっていく。1866年6月に起こった普墺(ふおう)戦争は、そうした背景のもとに勃発したものである。

この頃のプロイセンには、参謀本部という部署が存在していた。通常、それまでの戦争とは、王や皇帝が大方針を示し、政治家たる首相(当時は鉄血宰相ビスマルク)

や陸軍大臣が、それを各部隊の将軍らに取り次ぎ、部隊はそれを受け、それぞれの裁量で戦場にて戦う、という流れで行われていた。参謀本部の権限は小さく、モルトケ参謀総長も当初はさほど重用されていなかった。しかし、１８６４年のデンマーク戦争で実績を上げ、続く対オーストリア戦では最初から主導権を握った。

普墺戦争でプロイセンが用意できた兵力は約30万。対してオーストリアは約40万であり、オーストリア有利との見方が大勢を占めていた。しかし、モルトケ参謀総長には確かな勝算があった。まず、プロイセンはこのとき、1分間に約5～6発の銃弾を発射できる新式銃、ドライゼ銃を装備していたが、オーストリアが持っていたのは旧式の先込銃で、これは1分間に1～2発を発射するのがせいぜいだった。また、モルトケは鉄道を活用した兵員輸送体制や電信による情報伝達など、軍にさまざまな新技術を取り入れていた。これらは当時の軍隊では画期的なことだった。そして、そのすべては参謀本部での研究の成果であった。

普墺戦争の勝敗を決した決戦は、１８６６年7月3日に勃発したケーニヒグレーツの戦いである。現在のチェコ北部にあるケーニヒグレーツで、プロイセン、オーストリアが約20万ずつ、ほぼ同数の兵力を投入して行われた会戦だった。

## プロイセンをドイツの盟主に

モルトケはこのとき、オーストリア軍を三方から包囲して撃滅する作戦を立てている。しかし、前日までの雨で道がぬかるんでいたため、一部のプロイセン部隊が戦場に到着できていないという不手際が発生していた。それもあって戦場の一部戦線で、オーストリア軍がプロイセン軍を圧倒する事態なども起こり、プロイセンの司令部には不安が広がり始める。観戦に訪れていたビスマルク首相も状況に焦りを感じていたひとりだったが、彼はモルトケがそのような状況下で、悠然と煙草を吸いながら作戦指揮を執っている状況を見て、「作戦を立てた本人がこの様子ならば大丈夫に違いない」と確信したという。

果たして午後、到着の遅れていたプロイセンの一部部隊が戦場に到着するや、状況は一変する。兵力の集中が可能となったプロイセン軍はオーストリア軍を包囲するとさんざんに痛めつけ、一方のオーストリア軍はなんとか壊滅を免れながら撤退するのがやっとであった。普墺戦争は翌月の8月23日にオーストリア軍の敗北で終わり、プロイセンはドイツ諸邦の確固たるリーダーとなる。
　普墺戦争の勝利によって、参謀本部はプロイセン王国の軍部で確固たる地位を確立した。モルトケ率いる参謀本部は、その後の普仏戦争でも八面六臂の活躍を見せている。その結果、他の多くの国々も参謀本部のシステムを導入し、それは現在に至っている。

**Helmuth karl Graf von Moltke**●1800年、メクレンブルク＝シュヴェリーン公国生まれ。デンマーク軍軍人を経て、プロイセン軍に。オスマン帝国派遣を経て、58年に参謀総長。普墺戦争、普仏戦争で指揮を執り、完勝する。91年死去。

世界の戦争を変えた男

# ナポレオン・ボナパルト

## 機動戦による兵力の集中で戦いを勝利に導く

ナポレオン・ボナパルトは軍事の革命家である。彼の登場前と登場後では、戦争というものの概念がまるで変わってしまった。このフランス皇帝にまで上り詰めた軍人は、そういう男だった。

ナポレオンが現れる前のヨーロッパの戦争とは、基本的に王侯貴族の家来や、傭兵たちによって行われるものだった。傭兵を雇うには莫大な金がかかった。また、王侯貴族の家来たちとは、その領地経営に直結した存在でもあり、その命を簡単に使い捨てるような真似はできなかった。さらに、こうした兵士たちが使用する武器などは自弁の場合も多く、ひとつの軍隊の中にまるで統一性が見られないということも、珍しくなかった。

しかし、ナポレオン台頭の土壌となったフランス革命が、そうした前提条件を大きく変えつつあった。革命が生んだものとは、王侯貴族の支配を受けない、国民のための国家であった（少なくともそうした意識だった）。この革命の精神は、国民の間に「自分の国は自分で守る」という感情を生み、為政者が声をかければ、多くの国民が無償で軍に入隊する状況、すなわち国民軍を生んだ。彼らは万事カネ次第の傭兵などと比べて士気も高く、こうしてナポレオンは強力な軍隊を手にしていたのである。

ナポレオンはこうした国民軍に、統一性を持たせた兵器と、自立して行動できる機能を持たせ、さらには徹底した訓練を施して、他に類を見ないような軍隊をつくり上げていく。とくにナポレオンが重視したのは軍の行軍速度を上げることで、彼は兵士たちに、銃を扱う技術の向上よりも、速く行軍することを求めたといわれている。

そうした軍隊を用いて行われた、ナポレオン戦術の真骨頂の戦いのひとつとされているのが、1796年8月5日の、ガルダ湖畔の戦いだった。

## 驚異の進撃スピード

フランス革命が起こったのは1789年のことだが、周辺各国は、王を倒して国民が国を持つという、このフランスの過激な状況に憂慮を抱き、さまざまな干渉を加えていく。オーストリアもそのひとつで、このときフランス革命政府の将軍だったナポレオンは、北イタリア方面でオーストリア軍の籠もるマントヴァ要塞を包囲していた。オーストリア軍は約1万、ナポレオン側は約3万である。しかし、オーストリアはマントヴァ要塞を救援するため、約5万の兵を派遣。ナポレオンは一見、窮地に立たされたかのように見えた。

しかし、ナポレオンは周囲の地形や敵陣の様子をつぶさに観察し、ガルダ湖畔は山がちで峻嶮（しゅんけん）であり、オーストリアの大軍は必ずしもひと固まりになって動いているわけではないと判断。そこできわめて迅速に軍を動かし、分割されたオーストリア軍に個別に襲いかかった。ナオポレオン軍の進撃スピードは、当時の軍事の常識からは考えられないレベルのものであり、数に勝っていたはずのオーストリア軍は、連携も取れないまま各個撃破されていく。ナポレオンの完勝である。兵の数で劣っても、より素早く兵を移動し集中させることができれば、分かれて展開している敵軍と同等の兵力で敵に対峙できる。そして次々に撃破していった。自軍の持つ力を最大に活かすため、兵力を集中させて戦うナポレオンの手腕を評す声は多い。

その後、ナポレオンは革命政府をも倒し、自身を皇帝とするフランス帝国をつくり上げるのだが、この迅速な機動戦はナポレオンが生涯の中で行ったすべての戦いで志向されたものだった。そしてナポレオンと対峙した国々もナポレオン戦術を取り入れるようになり、人類史における戦争は、大きく姿を変えていくことになる。

**Napoléon Bonaparte**●1769年、コルシカ島生まれ。フランス革命のなかで軍人として頭角を現す。99年、クーデターを起こしてフランスの第一執政就任。1804年にフランス帝国の皇帝となる。14年、周辺国との戦いに敗れて退位。一時復権するも21年に死去。

あの『**戦争論**』の著者

# カール・フォン・クラウゼヴィッツ

## 〝総力戦〟の父の戦争哲学

「戦争とは、敵をしてわれらの意志に屈服せしめるための暴力行為のことである」

これはプロイセンの軍事学者、カール・フォン・クラウゼヴィッツがその主著『戦争論』の冒頭に書いた、非常に有名な一文である。

この「われらの意志」とはつまり、その戦争を行っている国の政治目標である。要するにクラウゼヴィッツは戦争というものを、単に軍隊が戦場で行う戦闘行為に限定して考えることをしなかった。戦争とは、すなわち政治の一手段なのであり、さらにいえば、戦争指導とは国家の政治・外交目標に従属して行われるものでなくてはならなかった。

それまでの世界にも、軍事理論書というものは多々あった。しかし、それらの多くは「こういうふうにしたら戦場で勝てる」というような、いわば軍人向けの実務マニュアル然としたものである。それに対してクラウゼヴィッツが『戦争論』で展開したこととは、「そもそも戦争とはどのような現象なのか」について、一種哲学的な態度で考えつづけることであった。そしてその結論こそが、「戦争とは政治の一手段である」という考え方なのだ。

クラウゼヴィッツは1780年、プロイセンに生まれる。成長して軍人となるものの、1806年に祖国がナポレオンの率いたフランスと戦って敗北したことを目の当たりにし、大きなショックを受けた。そこから、彼の軍事研究は始まっていくことになる。

ナポレオン軍の強さの秘訣とは、傭兵や王侯貴族に頼らない、ナショナリズムを基礎とした国民軍によって戦いを行っていたことだった。そうなれば、軍隊とはまさに国内の政治状況の上に立脚しているもの以外のなにものでもなくなっていく。そこから彼は「戦争とは政治の一手段である」という考え方に至り、戦争とは国の政治・外交目標に従属して行われるべきものであり、また「敵をしてわれらの意志に屈服せしめるための暴力行為」だと喝破するに至った。

クラウゼヴィッツは戦争の理念において、「絶対戦争」と「制限戦争」という2つの種類に分類した。

絶対戦争とは、戦争の本質は「拡大された決闘」であり、敵に自分の意思を強制させるためには、互いにどこまでも攻撃は拡大し、最終的には敵の戦力を殲滅するまで続くという理論である。

クラウゼヴィッツの『戦争論』に関しては、この絶対戦争の理論が強調されており、その部分が大きく注目を集める。しかし、クラウゼヴィッツの考えでは、現実の戦争にはそこにさまざまな要因による制限が実際には生じる。それが制限戦争だ。

この戦争に制限をもたらすものとして重要な要素が政治である。前述したように、戦争は政治の一手段であるので、政治の目標により、戦争の極限化を抑制する。こうした論考が『戦争論』では理論的に考察されている。

この他にも、防御と攻撃の論考、あるいは戦場における不確実要素の問題（クラウゼヴィッツはそれを「戦場の霧」と呼んだ)」など、クラウゼヴィッツの論考は、その後の総力戦の時代、さらにその後の現代の戦争においても、参考になる部分が非常に多い。

Carl von Clausewitz●1780年、プロイセン生まれ。ナポレオン戦争にプロイセン軍将校として従軍。その経験から戦後は軍事研究に専念した。1831年死去。『戦争論』は死後の32年に発表され、多くの軍事関係者に影響を与えた。

## 北アフリカでロンメルを撃破

# バーナード・モンゴメリー

## 自軍の絶対優勢まで待ち続ける「常道」の戦術

「勝兵は先ず勝ちて而る後に戦いを求め、敗兵は先ず戦いて而る後に勝を求む」

中国の兵法家、孫子の言葉である。現代語訳すれば、「勝者とは、戦う前に勝つための条件を整えている。敗者とは、戦いに入ってから勝つための条件を整えようとする」という内容である。

少ない兵をもって大軍を打ち破るなどというのは、小説か映画の世界でならば喜ばれもするだろうが、現実にはめったにない。戦争とは、実際の戦いが始まる前までに、いかに敵方よりも多くの兵を集め、武器弾薬、補給物資を確保しておくかでほとんどが決まる。バーナード・モンゴメリーとは、そうした戦争の常道を確実に押さえて戦うことのできた軍人だった。

第二次世界大戦が始まったとき、ムッソリーニ率いるファシスト・イタリアは、北アフリカのリビアを植民地にしていた。盟友、ナチス・ドイツのヒトラーとともに戦争に突入したムッソリーニは、このリビアから東隣りのエジプト（イギリスの植民地）に侵攻し、北アフリカの領土をさらに広げようと考える。しかし、イギリスは頑強に抵抗してイタリアを押し返すような流れにまでなり、ムッソリーニはヒトラーに助けを求めた。そして１９４１年2月に北アフリカへ上陸したのが、エルヴィン・ロンメル将軍（P92参照）を指揮官とする、ドイツ・北アフリカ軍団だった。

ドイツ軍の戦車部隊は当時、世界のなかでも群を抜いた精強さを誇っていた。遮蔽物のない、広大な北アフリカの砂漠の戦場において、軽快に走り回り、遠く離れた敵を大砲で撃つことのできる戦車は、まさに戦いの主役だった。「砂漠の狐」とも呼ばれた策士、ロンメルは、このアドバンテージを活かしてイギリス軍をさんざんに翻弄する。実際にロンメルは着任早々、イギリス軍が進出していたリビアのキレナイカ地方を奪還。翌42年の6月には要衝トブルクを陥落させるなど、連戦連勝の手柄を上げて、北アフリカ戦線の状況を一気にひっくり返す。

## 勝つための条件とは

1942年8月、このロンメルを撃破すべく、イギリス第8軍（北アフリカ担当）の司令官に任命されたのが、バーナード・モンゴメリーだった。モンゴメリーは、着任早々ロンメルに対する反攻を求める英首相チャーチルを抑え、兵員や戦車、補給物資などを集めることに集中する。ちょうど41年12月に、アメリカが連合国側に立って第二次世界大戦への参戦を決めたこともあり、モンゴメリーはアメリカから強力なM4シャーマン戦車を多数供給してもらうことにも成功する。また、北アフリカのロンメルに補給物資を届けるドイツの輸送船団は、地中海に展開していたがその制空権を握る英空軍の攻撃に悩まされており、モントゴメリーはこの状況も見ながら守備に徹し、ひたすらロンメルと自軍の戦力差が開くことを待ち続けた。

このとき面白いのが、モンゴメリーの使った「ハリボテ戦車」である。ハリボテで作った戦車を砂漠の後方に置き、イギリス軍の展開をドイツ軍に誤認させるための作戦で、このようにしながらモンゴメリーは、ひたすら自軍の絶対優勢が確信されるまで待ち続ける。

こうして始まった1942年10月のエル・アライメンの戦いは、モンゴメリーがロンメルの2倍以上の勢力をもって勝利する。単純と言えば単純な話だが、戦う前に勝つ条件を整え続けた、モンゴメリーの偉大な勝利であった。

ロンメルはこれを機に北アフリカでなかなか勝てなくなり、1943年3月にロンメルはベルリンに呼び戻され、ドイツ・北アフリカ軍団も同5月に降伏した。

**Bernard Law Montgomery**●1887年、イギリス・ロンドン生まれ。サンドハースト陸軍士官学校卒。第二次世界大戦では開戦当初、フランスに派遣。北アフリカでロンメルを破り、その後も軍の要職を歩む。1976年死去。最終階級は元帥。

朝鮮戦争での世紀のギャンブル

# ダグラス・マッカーサー

## 韓国を救った仁川奇襲上陸作戦

1950年6月25日に始まった朝鮮戦争は、北朝鮮軍による完全な奇襲という形で幕を開けた。北朝鮮の金日成（キムイルソン）人民軍最高司令官が、ソ連などの支援を受けて南下を目指しているという情報はあったものの、韓国側は楽観視しており、とくに備えもしていなかった。そのため韓国軍は一気に朝鮮半島南部に押し込まれ、釜山（ぷさん）など南部のわずかな地域を残すまでに退却を余儀なくされる。

1945年10月に発足したばかりの国際連合（国連）の安全保障理事会は、50年6月28日、ソ連が棄権するなかで北朝鮮を侵略者と断じる非難決議を可決。続いて国連は北朝鮮への武力制裁を決議し、アメリカを中心とした国連軍が、朝鮮戦争に参戦することとなる。

しかし、ソ連が公然と支援する北朝鮮軍は頑強で、国連軍といえどもなかなか戦況を覆す糸口を見つけることはできなかった。そんなとき、GHQ最高司令官として敗戦後の日本に君臨し、国連軍の指揮も担っていたアメリカ陸軍元帥(げんすい)、ダグラス・マッカーサーは、すでに北朝鮮によって占領されている韓国首都ソウルのわずか西40キロ地点にある港湾都市、仁川(いんちょん)に奇襲上陸しようとの構想を抱く。敵のど真ん中に殴り込む、きわめてリスクの高い作戦で、マッカーサーの周囲は大反対。本国アメリカの軍首脳たちも懸念を示したが、マッカーサーは考えを変えなかった。

## 5000対1の賭け

この段階でも朝鮮戦争は北朝鮮優位の状況は変わっていなかった。国連軍側としては、一気に状況をひっくり返す大作戦の決行が必要であり、仁川奇襲上陸作戦が成功すれば、首都ソウルを奪還できるであろうことから、ハイリスクではあるがハイリターンな作戦ではあった。また、北朝鮮軍はあまりにも南下したことから、補給線は伸びきっているものと推察された。仁川、ソウルを制圧できれば、その敵の補給線を遮断することができる。また、北朝鮮軍は南部・釜山に兵力を集中しており、仁川方面は手薄だろう——。これがマッカーサーの主張であった。しかし、これにはかなりの希望的観測も含まれており、さまざまな人々が、マッカーサーに翻意を迫り続けた。しかし、マッカーサーは考えを変えない。彼自身、この作戦は成功率「5000対1のギャンブルだ」と認めていたほどだったのだが、その強い信念と集中力は、仁川をじっと見つめて、衰えることがなかった。

1950年9月、このマッカーサーの発案した仁川奇襲上陸作戦、クロマイト作戦は発動され、同15日から国連軍兵士らが続々と仁川に上陸。北朝鮮軍の防備は手薄で、国連軍は大きな損害も受けないまま、最終的に約6万もの兵士を上陸させることに成功した。このとき失敗を恐れず、兵力を出し惜しみしなかったことが功を奏したのである。

釜山前面に展開していた北朝鮮軍が、伸びきった補給線で疲弊した状態にあったことはマッカーサーの読みどおりだった。国連軍は北朝鮮軍を一気に北朝鮮に追い返すと、さらに追撃して北上。10月20日には北朝鮮の首都・平壌を占領した。

このまま国連軍の勝利で朝鮮戦争は集結すると思われたが、11月に入って中華人民共和国が100万人規模の「人民志願軍」を投入。今度は中華人民共和国が兵力を集中させ、これが国連軍を再度押し返した。その後、戦線のさらなる拡大を主張するマッカーサーはトルーマン大統領と対立し、翌51年に更迭される。朝鮮半島では38度線を挟んだ一進一退の攻防が、1953年7月の休戦協定まで続くこととなった。

**Douglas MacArthur**●1880年、アメリカ合衆国アーカンソー州生まれ。ウェストポイント陸軍士官学校卒。太平洋戦争を米国極東陸軍司令官として戦い、戦後はGHQ最高司令官。朝鮮戦争の指揮も執る。1952年、大統領予備選挙で敗北。64年死去。

生涯全身革命家

# チェ・ゲバラ

## 全身全霊で革命に集中し民衆の支持を集める

1959年のキューバ革命のリーダーであったフィデル・カストロは、いうまでもなくキューバに生まれたキューバ人だったが、その盟友として知られるエルネスト・ゲバラ（チェ・ゲバラ）はアルゼンチン生まれの医者だった。つまり、本来はキューバとはとくに関係のない人間だった。

ゲバラは若い頃から一種の放浪癖がある人間で、医学生時代に友人とバイクに乗って中南米を旅した経験は、彼の心に大きな衝撃を与えたのだという。当時の中南米はほとんどどこも苛烈な独裁国家で、貧しい人々の生活は悲惨の一語に尽きた。ゲバラはこうした人々を革命で救うことを夢見るようになり、医大卒業後、さまざまな革命勢力と交わるようになる。1955年、ゲバラはメキシコで、亡命中のキューバの革命家、カストロと出会い、意気投合してその革命への協力を申し出るのである。

1956年11月、ゲバラやカストロ以下、82人の革命家は船に乗ってキューバを目指した。しかしカストロのキューバ帰還は事前にキューバ政府に知られており、彼らは上陸直後に政府軍から襲撃を受ける。革命勢力はわずか十数人になって山中に逃げ込むが、ここから彼らは驚異的な粘りを見せるのである。

カストロ、ゲバラらは山中でゲリラ活動をしながら民衆に浸透し、自身の思想や、政府を批判する情報を流すラジオ放送局などを運営しながら、革命に賛同するキューバ国民の輪を、徐々につくり上げていく。

1958年12月、300人の規模になっていた革命勢力はキューバ第二の都市、サンタ・クララに突入。政府軍は6000人という規模だったが、革命に共鳴する市民が多数参加し、勝利する。革命勢力はその勢いに乗じ、翌59年1月、首都ハバナを陥落させる。独裁者、フルヘンシオ・バティスタ大統領は、すでに国外へ逃亡していた。

## 高潔な人間像

ここに至る過程において、ゲバラの貢献は非常に大きなものがあったといわれている。彼はきわめて高潔な人物で、贅沢や不正と無縁であり、貧しい民衆に読み書きを教え、また戦闘後には敵味方を問わず傷の治療をした。同時にゲバラは、自他ともにきわめて厳格な規律を課すところがあり、一部の人間には「尊大かつ冷酷で、融通の利かない人物だ」として嫌われたらしいが、好かれる人間には好かれ、ゲバラを慕って革命軍に身を投じる市民も多数いたという。このゲバラの性格もあり、初めて革命軍は兵の大量動員が可能となった。

ゲバラはこう言っている。

「ゲリラの闘争はわれわれに人間最高のレベルに到達する機会を与えるだけでなく、真の人間になる機会も与えてくれる。このいずれにも達しえないと思う者は、そう申し出て、ここから即刻立ち去るべきだ」

全身全霊で革命に集中する、ある種の信仰者のような姿がそこにはあった。

革命後、ゲバラはキューバの国立銀行総裁に就任。1959年7月には日本を訪問しており、広島を訪れて「日本はアメリカに対し、原爆投下の責任を問うべきだ」と発言している。

カストロを首班とする革命キューバは間違いなく社会主義陣営の国だったが、ゲバラはその高潔さから、ソ連は非道な独裁国家であるとの批判を公言していた。キューバとソ連の関係は悪化し、それに悩むカストロを見て、ゲバラはキューバを離れる。彼はなおも革命を求めている国を訪ね歩き、1967年10月、革命闘争に関与していたボリビアで銃殺された。

**Che Guevara**●1928年、アルゼンチン生まれの医師。南米放浪中に民衆の苦悩を見て、革命家になる決意を固める。メキシコでキューバの革命家、カストロと出会い、ともにキューバ革命を引き起こす。その後、ボリビアで活動したが67年に銃殺。

## 劣勢においても勝機を見いだす戦略眼

# 曹操

## 数的優位が生む敵の慢心を逃さず

日本での馴染みのある『三国志』は、読み物の『三国志演義』がベースで、曹操も敵役・奸雄として知られるが、近年では正史をベースに再評価が進んでいる。なんといっても三国時代の一角である魏の礎を築き、それは後の晋の建国につながった。いわば歴史上の勝者のひとりであり、後世の科挙制度の原形となる「九品官人法」を編み出した、本来ならば一定の評価を得て当然の人物なのだ。

文人、兵法家としても類い稀な才能を発揮しており、兵書『孫子』を現存する13編に編纂したのも曹操だ。しかし『三国志演義』が主に劉備と諸葛亮の視点で物語化されているため、長期にわたって不当な評価に甘んじてきたわけである。再評価の動きが出てきたのは1950年代以降で、その先鞭をつけたのはなんと中国共産党の主席である毛沢東だったという。ちなみに墓が発見されたのは2009年のこと。質素なつくりなのは、自分の死後も戦いを優先し、墓に財宝を納めることを禁じたからとみられる。

毀誉褒貶（きよほうへん）に翻弄された曹操だが、そんな人物も三国時代に軍事的・政治的成功を収めていなければ話は始まらない。黄巾（こうきん）の乱の鎮圧を端緒に勢力を拡大しつづけたものの、政治的、さらには生命の危機に晒されたこともままあった。ことに、曹操にとって分水嶺となったのが、赤壁（せきへき）の戦いや夷陵（いりょう）の戦いと並んで三大決戦とされる官渡（かんと）の戦いである。

## 軍勢の集結が勝敗を分けた

ときは西暦200年、すでに黄巾の乱は鎮圧され、献帝（けんてい）をないがしろにして専横の限りを尽くした董卓（とうたく）を討った曹操は、帝をいただき河南（かなん）から江蘇（こうそ）の長江以北にかけた地域を統一するまでに至っていた。同時期、同じく董卓討伐で知られる袁紹(えんしょう)は大将軍となって冀州(きしゅう)、青州(せいしゅう)、并州(へいしゅう)、幽州(ゆうしゅう)の四州にまたがる地域を勢力下に置き、両者は中原(ちゅうげん)において領土を接する2大勢力に成長していた。

同年2月についに袁紹が10万を超える兵で南下作戦を開始し、官渡の戦いの前哨戦となる白馬の戦いが惹起(じゃっき)した。迎え撃つ曹操軍は1万にすぎず、圧倒的劣勢である。しかしここで曹操は袁紹軍を分断して個別撃破する戦法をとり、袁紹軍に手痛い打撃を与えた。とはいえ数的劣勢はいかんともしがたく、曹操は官渡まで退いて守りを固めている。その後、半年間にわたって両軍は再編成を図り、8月になって再衝突した。この際、袁紹軍は圧倒的兵力差を活かして正面から押す戦法をとり、曹操軍は抗する術なく甚大な被害を生んで官渡に立て籠もるよりなかった。

しかしここで、袁紹軍に新たな問題が浮上する。9月、拠点から離れ物資調達に腐心する袁紹軍の補給部隊に曹操軍が襲撃をかけ、袁紹軍は一気に食糧不足に陥ったのである。数的優勢から敵を甘く見た袁紹軍の失策であった。しかも10月には再び袁紹軍が大規模な補給部隊を派遣させるという情報を入手した曹操は、自ら

5000の兵を率いて襲撃をかけた。袁紹はこれを守りが手薄になった官渡攻略の好機と捉えて先鋒隊を派遣するが、官渡守備隊が善戦して持ちこたえ、さらに補給部隊を壊滅させた曹操軍が後背を突いたことで袁紹軍先鋒隊は全滅する。結果的に袁紹は補給部隊の有力武将を見捨てる決断を下したこととなり、全軍の士気は著しく低下。もはや戦線を維持できない状況となって撤退を開始するが、これを曹操軍が追撃し、実に7万を超える兵を血祭りに上げたという。これにより、曹操はより強固な基盤を築き上げて飛躍することとなる。

袁紹軍は数的有利を手堅く活かした中盤こそ優勢にことを進めたものの、その有利を自ら手放した瞬間を曹操に巧みに突かれ、敗れ去った。孫子の兵法に通じ兵の的確な集中運用の危うさも知る曹操は、数的優勢が生む慢心を逃さなかったのだ。

**そう・そう**●155年、豫州生まれ。184年の黄巾の乱に騎都尉として討伐戦に向かい、武勲を上げて済南の相に任命された。以後、献帝をいただき後漢の丞相となり、後に魏王を称する。為政者としてのみならず、文人としても高い評価を集める。

劣勢下における選択と集中で共産党軍勢力を拡大

# 毛沢東

## 劣勢下に高い能力を発揮したゲリラ戦の名手

中国共産党の創立党員のひとりであり、1945年から中国共産党中央委員会主席および中央軍事委員会主席を務めた。いわば現在の中国共産党支配による中華人民共和国の原形を作った人物であり、いまも国家の象徴的存在として崇拝を集める。しかし大躍進政策や文化大革命など、文化的、経済的に国家規模の損失を生み、多くの弾圧・殺戮(さつりく)など人道的にも問題があった政策を主導しており、世代によって評価が大きく異なっている。

1920年代から中国共産党の政治運動に身を投じていたが、頭角を現わしたのは、武力革命方針や農村根拠地戦略を主導した第一次国共内戦からといえるだろうか。ここで前線司令部に身を置いていた毛沢東は中国国民党を敵に回して「敵の先鋒を避け、戦機を窺い、その後に兵力を集中して敵軍を各個撃破する」というゲリラ戦術でことに当たっている。しかしこれは党臨時中央政治局と見解を異にするもので、毛沢東は一時的に失脚の憂き目を見る。しかし後に中国共産党中央軍事委員会主席に就任するなど、浮き沈みの激しい時期を過ごした。

## 柔軟さを失った権力者

毛沢東の強みは、利害さえ一致すれば主義主張の異なる相手と躊躇(ためら)うことなく手を結ぶことができる思考的柔軟性にあった。蔣介石(しょうかいせき)（P234参照）が率いる中国国民党と中国共産党が組んで行われた2度の国共合作は、まさにその典型である。

また、日中戦争時にも国民党軍と共闘して抗日戦線を展開。しかし、戦闘の多くは戦力の比較的潤沢な国民党軍にゆだね、配下の共産党軍には「力の70％は勢力拡大、20％は妥協、10％は日本と戦うこと」という指示を出していた。寡兵(かへい)であるがゆえに、兵力の温存と拡大に神経を集中し、損耗を避けたわけだ。さらに水面下では日本軍やアメリカ軍とも個別に内通して物資供給を受けるなど、抜け目のない外交政策を展開。結果的に少ない労力で日中戦争期間中の存在感を示し、勢力を拡大させることに成功している。

毛沢東はこの日中戦争の期間中に「日帝がわれわれを迫害し得る大きな原因は、中国人民の側が無秩序・無統制であったからだ」という言葉を残しており、統制の取れた戦力を一極集中することの重要性を認識していた様子が窺える。

しかしその見識が活かされたのは抗日戦線ではなく、太平洋戦争終結後に生じた第二次国共内戦においてであった。皮肉にも、対外的な戦争ではなく同胞相食む戦況下である。この段階でも国民党軍に対し毛沢東率いる人民解放軍は戦力的には劣勢にあったが、戦力を全面的に押し立てて物量で圧倒しようとする国民党軍に対し、毛沢東は局所的に戦力を集中させたゲリラ戦を指示。これが功を奏し、次第に国民党は弱体化していき、1948年9月から1949年1月にかけて展開された三大戦役で人民解放軍は勝利を重ねた。4月23日には国民政府の根拠地・首都南京を制圧し、ついに勝利が決定的なものとなる。

かくして、同年10月に中華人民共和国が建国された。翌年まで抵抗をつづけた国民党は台湾に脱出し、大陸の支配体制は盤石なものとなる、建国当時の理念は民主主義や資本主義に基づいたもので、国民にも広く支持された。しかし毛沢東は1952年になって突如として社会主義への移行を宣言。労働改造所を設置して反対勢力を粛清していくなど、たびたび強権を発動した。

毛沢東は劣勢下における指導者としては高い能力を発揮したが、国家の最高指導者という立場にあっては思考の柔軟さを失い、抑制の箍（たが）が外れて暴君と化した。人それぞれに器があるとすれば、毛沢東の器は決して大きいものではなく、より限定された場所でこそ真価を発揮するものだったのであろう。

**もう・たくとう**●1893年、湖南省生まれ。中学校教師を経て、1921年に中国共産党に参加。以後、党内で発言力を高めて中国国民党との中共合作や日中戦争における共産党軍の指導者の役割を果たした。1949年に中華人民共和国を建国。

戦いに勝利するためにもっとも大切なもの

# 目的と目標

戦術におけるもっとも基本となるのは、戦いの“目的と目標”を定めること。目的とは「最終的に目指す到達点」のことで、目標は「目的を達成するために設けた手段」のことである。

戦場において作戦行動は「なんのために（目的）」、「なにを行うのか（目標）」ということを明確にしたい。この目的と目標が曖昧だと勝利は遠い。逆に明確であればあるほど、指揮官は作戦遂行に適した行動を最優先させることができ、期待される結果が得られそうにない無駄な行動が避けられるようになる。また命令を受ける側の兵士も作戦の目的や目標が明確であれば、作戦行動中に指揮官の指示を待つだけではなく、自らが積極的に敵に対して動くこともできるようになっていく。

指揮官が戦闘指揮に秀でた有能な人物だとしても、戦場で起こるすべての事象に適切に対処し、最適な命令が発せられるわけではない。突発的なアクシデントが起こったとき、兵が指揮官に頼らず自主的に行動することができれば、敵を追い込んで戦いを支配することができるようになる。こうして敵から主導権を奪い、奪った主導権を維持、拡大していければ自ずと勝利は見えてくる。ただし達成可能な目標でなければ兵はついてこず、目的も達成されなくなってしまうことを忘れてはならない。

# 機動力

戦場では「最良の兵隊は戦う兵隊より、むしろ歩く兵隊だ」という言葉があるように、敵に先んじることは勝利に直結する。敵よりも有利な地点に兵を配置でき、さらに敵が戦いの準備を整える前に攻撃を加えることもできる。また油断した敵への奇襲も可能だ。

奇襲戦法を得意とした天才

# 源義経

## 自身が先頭に立ち、命を捨ててかかる果断

源義経は、源氏の棟梁・源義朝の九男。幼くして平治の戦いで父を亡くしたが、武芸の鍛錬を欠かさなかったという。兄の源頼朝が平家討伐へ挙兵すると頼朝の傘下に入り、一ノ谷の戦い、屋島の戦い、壇ノ浦の戦いを指揮して勝利に導いている。

義経が兄の源範頼（六男）と共に木曾義仲を破って京に入ったのは、寿永3（1184）年のこと。この時期、一度は都落ちした平家一門は西国で勢力を盛り返し、摂津国の福原（現・神戸市）まで進出していた。義経と範頼が征西に派遣されたのは、そもそも平家討伐が第一の目的である。そこで義経は兄にあたる範頼と図って福原に攻め込むことを決定。頼朝が派遣した征西軍では範頼が主将で、義経

は副将と位置づけられていた。京から福原を目指すには、大手路とされる海側のルートと搦（から）め手路とされる山側のルートがある。範頼は大手路を5万6000の兵を率いて進軍し、義経は搦め手路を1万の兵とともに進撃していく。

搦手軍を指揮するようになってから、義経は進撃速度をきわめて重視した。一ノ谷の北方にあたる播磨国・三草山に展開する平家の守備陣を夜襲により敗走させると、兵を二分する。土肥実平（さねひら）に約7000の兵を与えて一ノ谷を迂回させて西方の塩屋口から攻撃するように指示。自身は残りの兵を率いて進軍し、鵯越（ひよどりごえ）でさらに安田義定（よしさだ）に残りの兵の大半を預けて福原の夢野口に向かわせた。そして自らは精鋭の70騎を率いて山間部に分け入り敵が防備を固めていないと思われる一ノ谷の背後の断崖絶壁上を目指した。

この義経が行った〝兵を分散させる戦術〟は決して正攻法ではないが、機動力が物を言う奇襲攻撃には適した戦術といえるだろう。山間部の丹波路を1万の大軍で、進撃を隠密に行うことは不可能にちかい。現に三草山で平家軍と会敵してしまったため、平家軍は搦め手軍の存在を察知した。そのため平家本陣に十分な防護を行っていると予想される。そこで搦め手軍が夢野口から攻撃を仕掛けると、敵将はそれを搦手の本隊と判断するかもしれない。さらに背後から土肥実平が率いる別働隊約7000が攻め寄せれば勝利も見えてくるだろう。義経はそれだけの心配りをしながら、さらに自身の命も危うくなる可能性もある、一ノ谷の断崖絶壁を駆け下りる奇襲攻撃を敢行したのだった。

## 一ノ谷の逆落しで合戦が開始

『平家物語』によると、義経は一ノ谷の断崖絶壁を前にして尻込みする兵たちの前で土地の猟師から、この谷には鹿が通うこともあるとの言葉を得ている。「鹿が通えるなら、馬も通える筈だ」と、断崖絶壁を一気に駆け下りた。一ノ谷の戦いではこの奇襲部隊が先陣となったとされている。いち早く断崖を駆け下りた熊谷直実（くまがいなおざね）が、わずか5騎で平忠度（ただのり）の陣に背後から襲いかかった。孤軍奮闘する熊谷直実に手を焼いている間に、塩屋口から別働隊の土肥実平が襲いかかる。平家軍が劣勢に立たされている間に、大手軍の範頼の部隊も戦闘開始。ついに平家軍は総退却となり、沖合に浮かべた船に逃れていく。平家はこの戦いで平忠度、平経正（つねまさ）、平教経（のりつね）、平敦盛（あつもり）などが戦死した他、重鎮だった平重衡（しげひら）も捕虜にされてしまった。

　この戦いの後も義経は自身が先頭に立ち、屋島の戦いや壇ノ浦の戦いに臨んでいく。『吉記（きっき）』によれば、「思うところがあって、自分が先頭に立っての討ち死にを望む」と義経自身が語ったとされている。征西の最中に軍監（ぐんかん）である梶原景時（かげとき）と何度も対立していた。義経は機動力を活かした奇襲戦法により戦果を上げながらも、人間関係の軋轢や周囲への心配りに欠けている自分に気づき、早い時期から滅びを予感していたのかもしれない。

**みなもとの・よしつね**●平治元（1159）年、山城国（現・京都府）生まれ。兄である源頼朝の挙兵に参陣して木曾義仲討伐、平家滅亡などを指揮して大きな戦果を上げた。しかし頼朝と不仲になり奥州に逃れたが、文治5（1189）年に衣川の戦いに敗れて自害した。

鎌倉幕府を滅亡させた名将

# 新田義貞

## 寡兵による迅速果敢な進撃が成功を導く

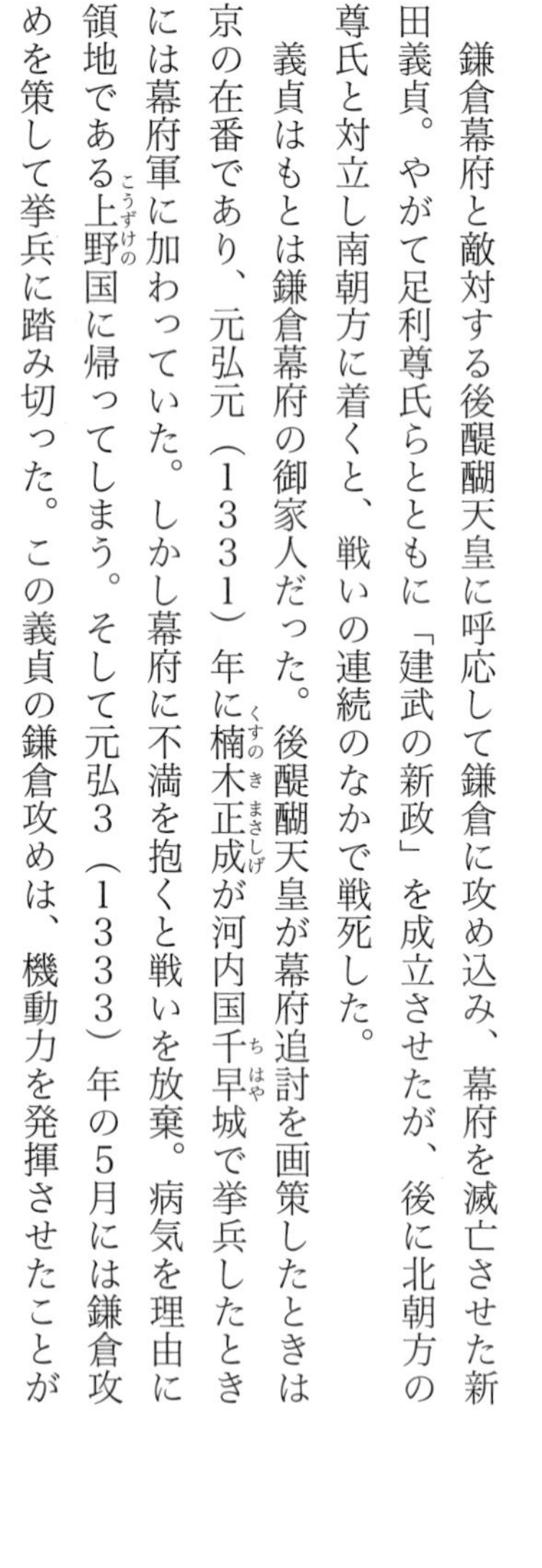

鎌倉幕府と敵対する後醍醐天皇に呼応して鎌倉に攻め込み、幕府を滅亡させた新田義貞。やがて足利尊氏らとともに「建武の新政」を成立させたが、後に北朝方の尊氏と対立し南朝方に着くと、戦いの連続のなかで戦死した。

義貞はもとは鎌倉幕府の御家人だった。後醍醐天皇が幕府追討を画策したときは京の在番であり、元弘元（1331）年に楠木正成（くすのきまさしげ）が河内国千早（ちはや）城で挙兵したときには幕府軍に加わっていた。しかし幕府に不満を抱くと戦いを放棄。病気を理由に領地である上野国（こうずけのくに）に帰ってしまう。そして元弘3（1333）年の5月には鎌倉攻めを策して挙兵に踏み切った。この義貞の鎌倉攻めは、機動力を発揮させたことが成功へのポイントとなる。

『太平記』では、義貞が挙兵したときにはわずかに150騎しかいなかったとされている。鎌倉幕府は大兵力を上方に派兵していたとはいえ、なおも10万を超える大兵力を有していることが予測された。普通なら挙兵に応じた大兵力が集まるのを待って進撃を開始するものだが、義貞はこの150騎で武蔵へ向けて進撃を開始している。もちろん、関東一円に広がる新田一族を招集する使者は出していた。新田一族は源氏の嫡流を足利一族と争う名門だったが、この時点では勢力がかなり衰えている。それでも、義貞の命令に従う一族の多くは関東で蟠踞していたが、参集を待っていたのでは、鎌倉幕府にも態勢を整える猶予を与えてしまう。進撃途上で一族の兵を糾合する策を取り、ともかく進撃の速さを重視した義貞の戦術だった。

## 猪突猛進が成功した鎌倉攻め

義貞の読み通り利根川を渡って武蔵国に入る頃には、軍勢は7000に膨れ上がっていた。さらに足利尊氏の嫡男・千寿王（後の足利義詮）も加わり、義貞軍には連日のように参集してくる兵があった。やがて、その総勢は20万にもおよんだ。

幕府軍と激突した小手指ヶ原の戦いは出合い頭の合戦となり、両軍ともにいったん兵を引く結果となる。ここで幕府軍が久米川に退いて援軍を待とうとしたのに対し、義貞は入間川で軍を整えると再び進撃を開始した。その後、久米川の戦いで両軍が激突することになるが、これは義貞軍の完全な奇襲だった。この戦いでも義貞軍は劣勢に立たされているが、幕府軍が拡散しているのを見て取った義貞は、自身の手勢をまとめて果敢に幕府軍の本陣に突入しこれを突き崩した。本陣が崩れるのを見た幕府軍は潰走し、義貞はさらに進撃を継続する。つづく分倍河原の戦いでは幕府軍は援軍を得ていて、義貞軍は壊滅の寸前まで追い込まれた。しかし、義貞軍が敗走するのを見た幕府軍は追撃することなく、敵は壊滅したと傍観した。義貞は援軍を得て再び奇襲し、幕府軍を撃破した。義貞軍は進撃を再開し、鎌倉を包囲したときには兵力は60万にも達していたと『太平記』は伝えている。

鎌倉滅亡のポイントとなった稲村ヶ崎の戦いでは当初、戦線は完全に膠着していた。義貞軍きっての武将である大館宗氏までもが戦死してしまっていたが、義貞は兵糧攻めなどの持久戦は採用しなかった。稲村ヶ崎の海岸線が鎌倉の弱点だと見て取り、義貞は寡兵を率いて干潮を利用して鎌倉市街へ突入、劇的な勝利を収めている。これらの鎌倉攻めの義貞の戦歴を見ると、迅速な攻撃にこだわった猪突猛進型の猛将というイメージであろう。しかし、機動力こそ戦いの帰趨を決める条件であり、常にこれを実戦していたのである。ただの戦略型の武将ではなく、迅速果敢な攻撃を得意とする戦術型の名将だった。

しかしこの戦術には限界がある。義貞が戦死することになる藤島の戦いでも、義貞のこの姿勢は変わらなかった。戦いを有利に導きながら味方の一部隊が崩れそうになるのを見て、寡兵で救援に向かい流矢に当たり戦死してしまう。

**にった・よしさだ**●正安3（1301）年頃に上野国（現・群馬県）生まれと推定されている。新田源氏の棟梁で鎌倉幕府の御家人だったが、反旗を上げて鎌倉を攻め落とす。南北朝の騒乱では南朝について延元3（1338）年に藤島の戦いで戦死。

羽柴秀吉の軍師として活躍

# 竹中半兵衛(重治)

## 緻密な計画と行動力を兼ね備える

羽柴秀吉の軍師として活躍した竹中半兵衛（重治）は、黒田官兵衛（孝高）と並んで「両兵衛」「二兵衛」と称された。調略、合戦の戦術ともに優れ、臨機応変な活躍ぶりが後世に伝わっている。武勇伝の多くは創作の可能性も指摘されているが、半兵衛の人となりを表現するための手段と思えば、実像もさほど乖離したものではないだろう。

数え36歳という若さで病没しており、歴史上の重大局面で「半兵衛が生きていたなら」と思いを馳(は)せることもたびたびである。豊臣秀長が病死したときに秀吉の横にいたなら、秀吉が文禄・慶長の役を決断したときに意見を求められていたなら、後継者問題に端を発し豊臣秀次に切腹を命じたときに諫言ができたなら、半兵衛は果たしてなんと答えたか。それほどのポテンシャルを感じさせる人物である。

半兵衛の人生は、主に美濃の斎藤氏に仕えた時代とつづく浪人時代、そして織田家家臣として秀吉の与力となり活躍した時代に整理することができる。半兵衛＝軍師というイメージが先行するが、ことに斎藤家に仕官した時代は軍勢を率いる将としての活躍が伝わる。なかでも特筆すべきなのが、主君である斎藤龍興を稲葉山城から追放した一件だ。

## 稲葉山城を瞬く間に占拠

半兵衛は斎藤道三に仕え、道三の没後は息子の義龍に仕え、忠義を尽くした。

しかし義龍の後を継いだ龍興は、政務を顧みず酒色に溺れる日々がつづいた。一部の側近ばかりを重用するようになり、長らく斎藤家に仕えた半兵衛や稲葉良通、安藤守就、氏家直元らいわゆる美濃三人衆などの冷遇が際立った。これに危機感を覚えた半兵衛は、舅である安東守就のわずかな手勢を頼りに蜂起し、永禄7（1564）年、数刻のうちに稲葉山城を占拠してしまった。

当時の稲葉山城といえば、織田信長でさえ攻めあぐねた堅城である。これを正面から攻め寄せても容易に突破できるものではなく、家臣という立場を活かして密かに武具を持ち込み、城内で初めてその牙をむいた。その計略と、これをスムーズに成功に導いた機動力こそ、半兵衛の真価といえるだろう。

しかし、その後、再び稲葉山城を龍興に明け渡すと、自身は病弱だったこともあり旧領の岩手に戻って隠棲（いんせい）生活に入っている。

この例からも、半兵衛は戦国期の一般的な武士のように立身出世に血眼になるのではなく、独特な孤高の道を歩む武人だったことが分かる。その後、織田信長に士官を求められた際にすぐには応じず、派遣された羽柴秀吉が三顧（さんこ）の礼をもって迎えた。このとき、半兵衛は秀吉の才気を見抜き、秀吉の家臣としてなら応じるという条件をつけたというから、人を見る目は確かだったようだ。結果的に半兵衛は信長の家臣として迎えられるが、秀吉に与力としてつき、実質的に秀吉の家臣と同様の扱いを受けるようになった。

半兵衛は信長に対してはあまり忠誠心を持たなかったようで、秀吉与力時代には次のようなエピソードを残している。秀吉が中国攻めで遠征した際に、荒木村重が籠もる有岡城に織田軍の使者として送られた黒田官兵衛は、村重に幽閉されてしまった。この経緯を知らない信長は、官兵衛の嫡男である松寿丸（後の黒田長政）の斬首を命じる。しかし官兵衛の潔白を信じた半兵衛は松寿丸の身を匿い、首実検になんと偽の首を差し出したという。

主君の命令よりも自分を貫く、やはり武士の常識を超える孤高の人物といえる。

**たけなか・はんべえ**●天文13（1544）年、美濃国（現・岐阜県）生まれ。斎藤道三に仕えた竹中重元を父に持ち、長良川の合戦で初陣を迎える。斎藤家仕官から浪人を経て織田家家臣となり、与力として羽柴秀吉を支えた。体が弱く婦人のような容貌だったという。

主君・信長を討った男

# 明智光秀

## 「本能寺の変」を成功させた迅速な行動

画像：東京大学史料編纂所所蔵模写

織田信長を本能寺の変で弑逆（しいぎゃく）した武将として後世に知られる。しかし信長を討った理由については諸説が入り乱れ、いまだに定説は見いだされていない。同様に前半生についても不明な部分が多く、出自や生年についてもいくつかの説が提唱されている状態である。

戦国期の大きなうねりのなかで光秀が燦然と存在感を放ち始めるのは、永禄11（1568）年からだ。13代将軍である足利義輝（あしかがよしてる）が永禄の変で三好義継（みよしよしつぐ）、松永久通（ひさみち）の軍勢に暗殺されると、弟の足利義昭は流浪の末に越前国の朝倉義景のもとに身を寄せた。義昭は上洛を果たして自らが将軍となるべく義景に力添えを請うが、義景の腰が重い。そこで飛ぶ鳥を落とす勢いの織田信長に助力を請うた。このとき、信長と義昭を仲介したのが、光秀というわけだ。最終的に信長が義昭を奉じて上洛することとなり、光秀も織田家に仕えることとなった。

織田家中で頭角を現した光秀は瞬く間に出世を果たし、坂本城主となり、家臣団のなかでも有力な武将の立ち位置に躍り出る。槍働きでいくつもの功績を残し、教養もあり宮廷作法などにも通じていたことから重宝されたようだ。しかし信長の勘気に触れることも多く、他の家臣の前で小姓の森蘭丸（成利〔なりとし〕）に、鉄製の扇子で打たれるなどの辱めを受けることもあったという。（『明智軍記』）

前述した通り、光秀が本能寺の変を起こした真の理由は明らかにされていない。しかし信長を打倒するため、光秀が緻密かつ迅速にことを進めたのは確かだ。

## 敵は本能寺にあり

ときは天正10（1582）年5月末、中国地方の制圧に差し向けていた羽柴秀吉から援軍要請が届いたのを受け、信長は自ら出陣するため安土城を出立。本格的な出陣の準備のため、わずかな小姓衆を引き連れて京の本能寺に入った。光秀も信長に従って中国地方に出陣する名目で、居城である坂本城を経て丹波亀山城に入る。この当時、織田家中の有力諸将の多くは全国の敵対勢力を討伐するために出払っており、本能寺に限らず京で信長の身を守る兵力は手薄だった。好機である。

この時点ですでに光秀の腹は決まっていたものと思われるが、そんな様子はおくびにも出さず、6月1日の夕刻になって亀山城より1万3000の兵を率いて出陣。本来ならば西へ向かうのが筋だが、光秀は一団を京へ向かわせた。その途上で腹心の数名には攻撃目標が信長であることを告げているが、付き従う兵たちはなにも知らない。徹底した情報管制のもと、夜間の行軍にもかかわらず短時間のうちに1万3000もの兵を京に入れた機動力は特筆すべきで、これは光秀が並みの武将ではないことの証でもある。光秀は、翌6月2日未明、桂川の畔まで達したところで、ようやく初めて別の狙いがあることを兵に告げたという。

襲撃を受けた信長は、襲撃者が光秀と知ると「是非に及ばず」と呟いたとされる。

光秀ほど武勇に長け知略に優れた男が行動を起こしたのなら、もはやどうしようもないと悟ったのだろう。信長は弓や槍を手に取って奮戦したが、槍傷を受けて本堂に籠もり、ここで自害して果てたという（『信長公記』）。

本懐を遂げたに見える光秀だったが、入念な作戦と迅速な行動が実を結んだのはここまでだった。情報の秘匿を優先したためか事前の根回しがなされておらず、有力武将の支持を取りつけられないまま山崎の戦いで秀吉に大敗を喫することとなるのである。大望のその後まで見渡せなかった光秀の最大の不覚といえよう。

**あけち・みつひで**●美濃国（現・岐阜県）生まれ。生年および青年期までの経歴は不明。足利義昭との仲介を機に織田家家臣となり、比叡山焼き討ち、丹波(たんば)国制圧などで功績を挙げるが、本能寺の変で織田信長を弑逆の後、山崎の合戦で敗れて敗走中に落ち武者狩りに遭い死亡。

九州から天下を狙いつづけた戦術家

# 黒田孝高（官兵衛）

## 秀吉の天下取りに一役買った智将

晩年の黒田如水（じょすい）、もしくは黒田官兵衛（かんべえ）の名で知られる。そのため名軍師として名高い竹中半兵衛（P60参照）と並び、「両兵衛」や「二兵衛」と称された。

数え16歳だった永禄4（1561）年に、播磨（はりま）国の戦国武将・小寺政職（こでらまさもと）の近習となり、翌年に初陣を迎えている。6年後には父・職隆（もとたか）から家督と家老職を継ぎ、姫路城代となる。この姫路城が、孝高（よしたか）の飛躍の足がかりとなった。

孝高は信長を高評価して、主君である政職に信長への恭順を勧めた。その後、織田方から中国地方攻略に派遣されていた秀吉と交流し、事実上の参謀のような立場となる。その後、主君・政職が織田方を裏切り、孝高はやはり謀反を起こした荒木

画像：東京大学史料編纂所所蔵模写

村重に幽閉されるが、織田軍が村重や政職を破った後、孝高は正式に信長の家臣となる。

織田方の中国方面軍の司令官だった秀吉は、姫路城を孝高に返そうとするが、孝高は城を織田方に提供し、自身はそのまま秀吉に仕えた。秀吉の初期の軍師であった竹中半兵衛が病に倒れた後、孝高がまさに秀吉軍の要となった。

## 秀吉に天下をもたらした機転

孝高はこうして秀吉の中国方面攻略につき従い、各地を転戦したが、毛利氏の武将・清水宗治（むねはる）が守る備中高松城攻略に際しては、周辺の地形を検分して水攻めを献策（けんさく）した。そのさなかに、天正10（1582）年6月の本能寺の変を迎えることとなった。

一報を受けて動揺が隠せない秀吉の耳元で、孝高は「いよいよ運がめぐって参りましたな」と囁いたという。大恩ある主君の死を嘆くより、これを自身を飛躍させる絶好の機会と考えるべしという献言である。

そして秀吉も、それに乗った。毛利輝元と素早く講和を結び、後顧の憂いを断って一路山崎を目指す。すべて孝高の献じた策だ。

そして秀吉は、他の織田家の武将よりも早く京に舞い戻り、逆臣・光秀を討ちとった。これにより、秀吉は織田家の後継候補トップに躍り出て、結果的に孝高のポジションも格段に向上することになった。孝高はその後の九州征伐や、息子の長政に家督を譲った後の小田原征伐、文禄・慶長の役でも槍働きや調略で実力を発揮し、秀吉にとって欠かせない懐刀となっていった。

もっとも、その知略巧者ぶりが逆に秀吉に警戒され、後に秀吉から疎んじられるようになっていく。九州に領国を与えられ、大坂から遠ざけることになったのだ。

秀吉没後の関ヶ原の戦いでは早くから東軍に与し、黒田家からは長政が参戦した。その働きに対して、「徳川殿は論功行賞の席で『我が徳川家の子孫の末まで黒田家に対して疎略あるまじ』と3度右手を取り感謝してくださいました」と誇らしげに孝高に報告している。しかしここで孝高は「そのとき、おまえの左手はなにをしていた？」となじったというから振るっている。目の前に家康がいて、殺害する好機だったたではないかというのだ。これは後世の創作とする説もあるが、同年中に吉川広家に宛てた手紙で「関ヶ原の戦いがもう1ヶ月もつづいていれば、中国地方にも攻め込んで華々しく戦うつもりだったが、家康の勝利が早々と確定したため、なにもできなかった」としたためており、出遅れたことを悔いる様子が窺える。晩年の秀吉が孝高を遠ざけたのも、むべなるかな、である。

**くろだ・よしたか**●天文15（1546）年11月29日、播磨国（現・兵庫県）生まれ。小寺氏家臣を経て織田家で秀吉の与力に取り立てられた。軍師として秀吉の天下統一に貢献し、息子・長政に家督を譲った後も戦国武将として奮戦した。キリシタン大名としても知られる。

日蓮主義と満州

# 石原莞爾

## 満州事変という謀略と世界最終戦争論

日蓮主義は、戦前の日本の右翼思想を支えた重要な考え方のひとつで、鎌倉時代の僧侶、日蓮の思想を現代の国家のあり方に結びつけ、社会を改造しようとした運動のことだ。大きくはいくつかの考えを含む言葉だが、国体主義と結びついた潮流が広がった。昭和7（1932）年に血盟団（けつめいだん）事件を起こした井上日召（にっしょう）や、昭和11（1936）年の、二・二六事件の黒幕とされる北一輝（いっき）もその系譜にあたる。

戦前に日本陸軍きっての切れ者として知られた石原莞爾（いしわらかんじ）（最終階級は中将）も独自の日蓮主義を基礎とする世界戦略を、さまざまに考えつづけていた人物だった。

そんな石原が昭和15（1940）年に出版した、『世界最終戦論』という本がある。

石原がそれまで考えていた、さまざまな思想に関してまとめ一冊にしたもので、結論だけを抜き出して示せば、「そのうち世界は日本とアメリカを中心にふたつの陣営に分かれ、その両者間で最終戦争が起こる」ということを訴える本であった。

すでに石原は昭和6（１９３１）年、関東軍（日本陸軍が中国東北部、満洲に置いていた部隊）の作戦主任参謀をしていた時代に、奉天（現・瀋陽）郊外の柳条湖で鉄道を爆破して「中国国民党の仕業である」と主張、電光石火の早業で満州全土を軍事占領する満州事変を引き起こしていた。実際は日本軍が自分で鉄道を爆破したにもかかわらず、中国のせいにして軍事行動を起こした謀略だった。

満州事変の結果、日本は昭和7（１９３２）年に満州に傀儡政権、満州国を設置。こうした行動が引き金となって昭和12（１９３７）年、日本は中国と日中戦争に突入し、昭和16（１９４１）年にはアメリカとも戦端を開く。満州事変とはつまり、昭和20（１９４５）年8月15日に日本が敗戦を迎えることとなる、まさに入り口の出来事だったのであり、その中心に石原はいた。そして石原がなぜ満州事変を引き起こしたのかといえば、それはいずれ来る最終戦争に備えるため、日本がアジアに確固たる地盤を築く必要があると、固く信じていたからであった。

## 東條英機と対立し陸軍を去る

石原はその後、参謀本部作戦課長、同第一部長（作戦部長）とまさに陸軍の中枢ポストを歴任したが、昭和12（1937）年の支那事変で泥沼化を予想して不拡大方針をとったことから作戦部長を解任され、関東軍参謀副長に飛ばされた。

石原は天才肌のカリスマで、彼に心酔する部下たちも多かったが、天才肌ゆえに他人に対する好き嫌いが激しく、上官であっても自分が認めない人間に対してはまったく敬意を払わなかった。とくに関東軍参謀副長時代に直接の上司の関東軍参謀長だった東條英機（後の対米開戦時の首相）に対しては、無知無教養の俗物として「東條上等兵」などと呼び、完全に見下していた。一方の東條もまた、石原のことは嫌っていた。東條が陸軍大臣になるなど陸軍の権力を掌握していくなかで、石原は閑職に追いやられ、ついに昭和16（1941）年、石原は予備役編入、つまり陸軍をクビになった。

　そんな東條が昭和16（1941）年12月8日、日本の総理大臣として起こしたものこそが対米戦、つまり太平洋戦争だった。石原の考えた世界最終戦争論の構想からは、まだこの段階でアメリカと戦争を起こすのは早すぎた。石原の危惧通り、ボロボロになって敗北する。

　戦後、GHQに極東国際軍事裁判で証言を求められた石原は、満州事変は決して日本の侵略行為ではなかったと主張しながらも、その後の日本人が理想を踏みにじったといった論を展開している。また、日本が戦争に敗れた以上は、むしろ憲法9条の精神を堅持して、世界に平和を確立すべきだといった主張もしていた。

　石原は昭和24（1949）年、戦後の復興も見ず、60歳でこの世を去った。

**いしわら・かんじ**●1889年、山形県生まれ。陸軍士官学校、陸軍大学校卒。陸大教官などを経て関東軍参謀。日蓮信仰から世界最終戦論を唱え、満州事変を主導した。東條英機と対立して予備役となる。戦後は非武装論に傾き、1949年に死去。最終階級は中将。

ローマにとって史上最強の敵だった

# ハンニバル・バルカ

## 敵の意表をつく〝アルプス越え〟で快進撃

ハンニバル・バルカはカルタゴ（現・チュニジア共和国の首都のチュニス周辺）の将軍としてローマとの戦いを指揮した。アルプス越えの奇襲で一時は北イタリアを制圧する大戦果を上げている。

紀元前3世紀頃のヨーロッパでは、都市国家が連合して大きな勢力を築き上げていた。イタリア半島周辺にはローマを盟主とする連合、北アフリカやイベリア半島にはカルタゴを盟主とする連合が勢力を誇り、両者はシチリア島やイベリア半島の支配権をめぐって戦いを繰り返していた。その時期、ハンニバルは20代の若さながら、スペイン領内でカルタゴ軍の司令官に任命されている。ローマとの戦いで父をなくしていることから、ハンニバルはローマへの復讐に執念を燃やしていた。

紀元前２１８年になると、ついにハンニバルはローマへの遠征を決意する。ハンニバル戦争（第二次ポエニ戦争）の始まりだった。

イベリア半島のカルタヘナを出立したハンニバル軍はピレネー山脈を越えてガリア（現・フランス）に入る。だがローマ軍もその動きを察知していて、スキピオ将軍にガリアでハンニバル軍を阻止するように動員令を発した。スキピオはまだハンニバルがピレネー山脈を越えていないと判断していたが、その時点ですでにハンニバルはガリア中部のローヌ川まで進撃していた。この地域はローマの支配下にあったが、ローヌ渡河（とか）戦ではハンニバルが敵軍の意表をついて北部から渡河したことでカルタゴ軍の圧勝となる。

ハンニバルは情報を重視した。ローマ側の状況報告を受け、それによって素早い行動を選択。そのままアルプス越えに向かったのだ。その行軍で大きな損害を出したが、結果、北イタリアの制圧に成功した。ローマ側はハンニバル軍の攻撃を予想はしてはいたが、まさかアルプス越えルートで来るとは考えてもいなかった。

## 長征を可能にさせた機動力

カルタヘナを出立したときのハンニバル軍は歩兵9万、騎兵1万2000を率いる大軍であったが、途中で兵を帰し、ピレネー山脈を越えて対ローマ戦に動員したのは歩兵5万、騎兵9000だった。しかし、その大部隊もアルプス越えまでに約半数の兵を消失する。しかし難路に苦渋しながらも無謀なアルプス越えを行ったことで、ローマ軍と会敵することなく北イタリアのポー平原に侵入を果たした。

この奇襲の一報を受け、慌てて進軍してきたローマ軍に対し、兵力を4万に増強したハンニバル軍は、ローマ軍の野営地に少数の隊で奇襲攻撃をかけさせた。敵が反撃してくると奇襲部隊は即座に退却。追撃してきた敵の主力を側面に配しておいた部隊に急襲させ、包囲戦で敵を殲滅した。これがトレビの戦いである。さらに続くカンネーの戦いでもローマ軍を撃破していく。

このようにハンニバルは、戦闘指揮官として一流であった。ハンニバル軍の強さの秘訣は、長途を駆け抜ける機動力だろう。これだけの大部隊を率いて、ピレネー、アルプスの山脈を越えた。これは指揮官としてのハンニバルの能力によるところが大きい。また、戦術としては包囲戦の巧みさも際立っている。

その後もハンニバルはイタリアで戦い続けたが、イタリア南部の攻略戦ではうまく戦果を挙げられず、ローマ攻略も行わなかった。その間、ローマ軍は北アフリカ攻略を開始。ハンニバルはカルタゴに呼び戻されるが、ザマの戦いでローマ軍に惨敗を喫してしまう。ハンニバルはいったんカルタゴの政治指導者となるが、反ハンニバル派が台頭すると、脱出してシリアに亡命。しかしそこでもローマの追求が激しくなり、ついには黒海沿岸のビテュニア王国に再亡命したが、そこでも追求が激しくなり自害したと伝えられている。

**Hannibal Barca**●紀元前２４７年、カルタゴ生まれ。古代のアフリカ北部にあった国家カルタゴの将軍で、ローマとの関係が手切れになるとハンニバル戦争を指揮したがイタリア半島に攻め込むが敗北する。紀元前１８３年に死去。

奇襲で戦果を上げた海賊王

# フランシス・ドレーク

## 無敵艦隊を破った海賊ならではの戦法

フランシス・ドレークは若い頃から船員を目指していた。奴隷貿易を経て、やがてイギリス政府からスペインの植民地や船舶を略奪する免許を得ると、海賊行為を行う〝私掠船（しりゃくせん）〟の船長になる。そして、中南米のスペイン領を次々と襲撃し、大量の財宝を略奪。1580年には、マゼランに次ぐ2回目の世界一周を成し遂げるが、この航海の途中に行った略奪行為が、航海の出資者であったイギリス政府に莫大な富をもたらした。この功績により、ドレークは女王エリザベス1世に認められイギリス海軍の中将に任命されている。

イギリスのエリザベス1世はキリスト教プロテスタントの信奉者で、キリスト教カトリックを信仰するスペインのフェリペ2世とは敵対関係が生じるようになっていた。当時のスペインはフランドル地方（オランダ南部、ベルギー西部、フランス北部）などヨーロッパの多くの土地を植民地としていたが、エリザベス1世はその影響下から脱却を図ろうとしていた。しかしスペインには無敵艦隊（アルマダ）と呼ばれる大艦隊があり、ヨーロッパでは敵なしの状態だった。やがてスペイン商船に対しイギリス私掠船による海賊行為が目に余るようになると、フェリペ2世はその報復を口実にイギリス攻略を決意しアルマダ海戦が勃発する。

1588年、無敵艦隊は軍艦28隻を含む艦船130隻に上ぼる大艦隊でイギリス攻略を目指して出撃した。イギリス艦隊は艦船200隻と数では勝っていたが、そのうち163隻が臨時に招集された武装商船・私掠船で、このイギリス艦隊の副司令官となっていたのがドレークだった。

戦いは英仏海峡から侵入する無敵艦隊を、イギリス艦隊が迎え撃つ形で始まった。英仏海峡ですでに両軍は接触し、小競り合いが続いていたが両軍ともに敵に決定的な打撃を与えられない。戦いが一段落したところで無敵艦隊はフランス北部のカレー沖に停泊してスペイン陸軍の進撃を待とうとした。深夜になってドレークは、海賊時代の奇襲戦法を実行。8隻の大型船に火薬やタールなどを満載し火をつけさせて、無敵艦隊の泊地に突入させた。これによって無敵艦隊は大混乱となる。ついには泊地から逃走してグラヴリンヌ沖で態勢を立て直そうとしていた。

## 私掠船の機動力を活かし無敵艦隊を翻弄

ドレークは、すでに敵の弱点を見抜いていた。スペインの軍艦は搭載する砲門は多いが、重い砲弾で射程が短い。また、密集して設置されていたため砲の装填に時間がかかる。さらに接舷しての切り込みを得意としており軍艦には多くの兵が乗船している。それを見越したドレークは私掠船の機動力を活かす作戦をとった。

まずは自身の率いる艦隊で突入し、小競り合いをしただけで戦場から逃走。それを追撃した無敵艦隊が射程外から砲撃を繰り返す。そして敵艦の砲撃が止んだ瞬間を見計らってドレークは再び反転、接近戦法をとり敵艦に砲弾を叩き込んでいく。

この戦いでついに無敵艦隊は壊滅的な打撃を被り、戦隊司令官が戦死している。

ドレークは海賊時代にスペインの植民地を襲うのを得意としていた。夜陰に乗じて接近し、財宝などの略奪を敢行。敵艦隊が追撃してくると、自軍の艦隊の快速性を活かして逃走する。決して無理な戦いを挑まず、航行しているスペイン船に対しては奇襲を得意戦法としていた。これらの海賊時代の戦術眼が、大艦隊を統率するうえでも遺憾なく発揮されたのだった。

これまでの海戦では衝角（しょうかく）（船首に設置した角のような突起物）で敵艦に体当りする戦法が主流になっていたが、このアルマダ海戦ではドレークのとった接近しての砲撃が有効であることが実証された。この戦い以後の海戦では衝角よりも大砲が主流となり、海戦の常識を変えた戦いだったともいわれている。

**Francis Drake**●1543年頃（推定）、イギリス生まれ。イギリス王家の認可を得てスペイン領を襲う海賊となり、中南米を荒らしまわった。その後イギリス海軍の提督となり、スペインとの戦いでイギリス海軍を勝利に導いた。1596年に赤痢にかかり死去。

アラビアのロレンス

# トマス・エドワード・ロレンス

## 砂漠の民と手を結びオスマン帝国に対抗

世界有数の石油資源地帯である中東には、イラン、シリア、エジプトなど、複数の国がある。ただし、それらの国の領土の多くは第一次世界大戦まで、オスマン帝国のものであった。

オスマン帝国は第一次世界大戦に同盟側、つまりドイツ側に立って参戦し敗北。イギリスやフランスに次々と領土を占領されることとなり、帝国自体が1922年に滅んだ。現在の中東の国々の多くは、そのオスマン帝国体制から脱する形で独立し、成立したものである。

オスマン帝国は、テュルク系民族のトルコ人によって打ち立てられた国であり、中東の湾岸地域に住むアラブ人とは民族が違う。オスマン帝国の中で、この支配階層であるトルコ人とアラブ人たちのいさかいは、長く存在していたことであった。第一次世界大戦でオスマン帝国と対峙することになった連合国、わけてもイギリスは、このトルコ人とアラブ人の対立を、うまく利用できないかと考えた。

トマス・エドワード・ロレンスは、イギリスのオックスフォード大学で学んだ考古学者だった。もともと十字軍の研究をしていた人物だが、十字軍が遠征した中東の地を調べるうちに、その地域の魅力のとりこになっていく。1914年に第一次世界大戦が勃発すると、ロレンスは英陸軍省の地図課に採用され、次いでエジプト・カイロにある陸軍情報部に配属。その語学力や土地勘などを活かし、軍事用地図の作成や、現地人たちからの情報収集にあたっていた。

一方、オスマン帝国領内のアラブ人たちの間には、これを機に帝国を打倒し、自分たちの国を持とうという機運が充満していた。イギリス当局はなんとかこれを利用できないかと考え、アラブ人指導者たちのもとにロレンスを派遣する。ロレンスはイスラム王朝の末裔にあたる名門ハーシム家のファイサル・イブン・フサインと共闘し、オスマン帝国の後方攪乱作戦に従事していくことになるのである。

## 祖国とアラブの間で苦悩

ロレンスの活動は基本的に、地理を熟知したアラブ人たちの力を借りながら、高い機動力で敵の後方に出没、とくに鉄道路などを破壊して回ることだった。オスマン帝国はさんざんこれに悩まされ、効果は絶大であった。またそうした後方攪乱だけでなく、ロレンスは1917年にはオスマン帝国領内の重要な交通の要衝・アカバを、これも高い機動力を活かした奇襲攻撃で陥落させ、味方のイギリスをも驚かせる。イギリス当局にとってこのロレンスの活動は、自分たちでとくに兵を動かすこともなく達成できた、非常にコストパフォーマンスの高いもので、ロレンスは「アラビアのロレンス」といった通り名で知られていくようにもなる。

ロレンスはアラブの歴史や文化を愛しており、アラブ人たちの独立への思いにも理解があった。しかし、イギリス当局にとって、アラブ人たちはオスマン帝国に対抗するうえで便利に使えるコマでしかなかった。それどころかイギリスは、フランス、ロシアと交渉し、オスマン帝国領を植民地として分割するサイクス・ピコ協定なる密約まで結び、独立を求めてイギリスに協力したアラブ人を裏切った。ロレンスは次第に、アラブ人と祖国の思惑の間で板挟みとなり、苦悩していくようになる。

第一次世界大戦終結後、ロレンスは植民地省に職を得て働いていたが、偽名で軍隊に、一兵卒として志願するなどの奇行を繰り返すようになる。そして1935年、バイク事故を起こし、46歳でこの世を去った。

**Thomas Edward Lawrence**●1888年、ウェールズ生まれ。オックスフォード大で考古学を学ぶ。第一次世界大戦時、陸軍将校としてオスマン・トルコの後方撹乱任務に従事。アラブ民族の独立運動を助けるが、英政府の態度に幻滅し辞任。1935年に交通事故死した。

機動力で敵の背面を突いた

# ハインツ・グデーリアン

## 装甲軍団による「電撃戦」で英仏連合を撃破

ハインツ・グデーリアンは第二次世界大戦でドイツ軍の装甲軍団を率いた将軍で、ポーランド侵攻、フランス侵攻、ユーゴスラビア侵攻、バルバロッサ作戦などでドイツ軍を勝利に導き、電撃作戦の生みの親ともいわれている。

1939年、グデーリアンは第19軍団長としてポーランド侵攻に参加。その後、フランス・イギリス連合軍との戦いに転戦した。

イギリス・フランスの連合軍はドイツ国境に近い地点にフランスが構築した長大な要塞マジノ線でドイツ軍の侵攻を食い止めようとする。それに対してドイツ軍は軍団を3つに分け、マジノ要塞で連合軍と対峙する部隊と、ベネルクス三国（ベルギー、オランダ、ルクセンブルク）を経由してフランスに進撃するふたつの部隊を配置。グデーリアンは、機動力こそこの戦いの帰趨を決するものと考え、戦車を中心とした装甲車両だけで進撃しようと考えていた。そのためベネルクス三国を経由する部隊は、突撃する装甲軍団と占領地を確保する歩兵部隊とに明確に区別された。

連合国軍はイギリス、フランス軍が中心となり144個師団330万もの兵を揃えていたが、ドイツ軍も141個師団335万の兵力を動員している。

開戦から半年を経過した1940年5月10日、ドイツ軍はまずはベネルクス三国への侵攻を開始。グデーリアンが率いる軍団は、装甲車両だけで編成され歩兵は伴っていなかった。通常なら砲兵部隊で敵軍の陣地に進入路を開けるところを、航空部隊の空襲で進入路を開けた。敵陣に生じた乱れに乗じて戦車で突撃し敵の背後へと回り込み、背後から敵陣を攻撃することで正面から攻めかかっている味方部隊と挟撃、これを突き崩す。そんな用兵思想でグデーリアンはルクセンブルクを経由してベルギーに侵攻した。このときベルギー軍はまだ十分な迎撃作戦が整っていない。

突然のベルギーへの侵攻に、フランス軍などの援軍もマジノ線に装甲車両を移動することができない。ドイツ軍はベルギー軍の陣地を一蹴すると、アルデンヌ高地を進撃してフランスにまで侵入していく。

## 快進撃にドイツが停止命令

マジノ線の正面では両軍の激烈な戦闘が展開していたが、グデーリアンは迂回してすでにマジノ線の内側に侵入している。背後に回られたことを察知した連合軍は総崩れになるが、パリ方面への撤退路はすでにグデーリアンによって封鎖されてしまっていた。仕方なく連合軍は英仏海峡へと撤退。グデーリアンはさらにこれを追撃して何度もイギリス軍を打ち破り、ついにはダンケルク近郊まで攻め込んでいく。このあまりにも速い進撃に、ドイツ軍の主力部隊はついていけず、たびたびグデーリアンに停止命令を発したという。この停止命令がなければダンケルクからのイギリスへの脱出はなかったのではないかとさえいわれている。

この電撃戦でのグデーリアンの成功は、やはり進撃速度を優先させた結果にある。

グデーリアンの装甲軍団の進出によって、連合軍は陣地構築の余裕を失ってしまい、各軍団間での連携も切断されてしまった。その結果、マジノ線の後方では有効な防衛戦を構築できなくなってしまう。まさに機動力の勝利といえるのだが、グデーリアンの装甲軍団は空軍と密接な連携を取ることにより、それまで装甲軍団と連携していた移動速度の遅い歩兵部隊を分離。移動速度の早い装甲車両だけで進撃したことから、グデーリアンは近代的な電撃戦を確立したといわれている。

このフランス侵攻作戦ではダンケルクに連合軍を追い詰めた後にも、グデーリアンの装甲部隊はフランス南部まで進撃。フランス政府はパリを無防備都市と宣言して放棄。ついにフランス臨時政府が休戦協定に調印し、西部戦線ではヨーロッパ大陸から連合軍を駆逐することに成功している。

**Heinz Wilhelm Guderian**●1888年、ドイツ生まれ。陸軍士官学校を卒業して自動車輸送を管轄する交通兵監部で軍人生活をスタート。第二次世界大戦では装甲軍団長としてフランス侵攻の電撃戦を成功に導いた。最終階級は上級大将。1954年に死去。

## 〝砂漠の狐〟として恐れられた
# エルヴィン・ロンメル
## 本国の指示をも無視する〝最前線〟の名将

第二次世界大戦中のドイツ軍人といえば、どうしてもナチスドイツのSS（親衛隊）のイメージが先行する。しかしロンメルは国防軍の所属であり、ナチ党とは距離を置き、軍人としての矜持（きょうじ）は保ちながらもヒトラーの命令に背くこともしばしばであった。そのため国民的英雄として称賛を浴びる存在であったが、1944年のヒトラー暗殺未遂事件への関与が疑われてしまう。そのため軍高官から「反逆罪で裁判を受けるか、名誉を守って自殺するか」の選択を迫られ、服毒自殺の道を選んだ。その悲劇的な死が、生前のロンメルの活躍ぶりをより際立たせることになった。

ロンメルは第一次世界大戦にも従軍経験を持つ生粋の陸軍軍人だが、貴族出身者が幅を利かせるなかで中産階級出身の彼は有利なポジションにあったわけではない。もともとヒトラーの知己を得て護衛部隊指揮官として出世の階段を上り始めたという幸運はあるが、その後、フランス戦線で功績を上げ、さらに北アフリカ戦線で突出した戦果をあげることができたのは、戦術に優れた資質によるものであり、ヒトラーに認められて最年少で一気に元帥まで上り詰めたのも実力によるといっていいだろう。

## 命令無視もいとわず電撃戦

第二次世界大戦開戦から1年が過ぎた1940年9月、ドイツと同盟していたイタリアが、イタリア領リビアから、スエズ運河の制圧を目指してエジプトに侵攻した。イタリア軍はリビア駐留軍23万から歩兵中心の8万を投入したものの、兵站で勝るイギリス軍の機械化部隊6万に撃破され、逆にリビアに攻め込まれてしまう。それを受けて、ドイツは友軍を救援するためにドイツアフリカ軍団を派遣することになった。この軍団長として1941年2月にリビアに赴いたのが、ロンメル中将である。

ロンメルは欧州戦線においていわゆる西方電撃戦を成功に導いた立役者であり、その力量は北アフリカ戦線においても遺憾なく発揮された。イギリス軍の戦力が分散・弱体化しているのを知ると、好機とばかりに本国の待機命令を無視して東進をつづけ、わずか数ヶ月の間にリビアの東部までをほぼ制圧。敵兵力の布陣を見抜いて背後から奇襲を仕掛けるなどの機動力を活かした戦術も功を奏し、〝砂漠の狐〟として恐れられるようになった。本国の指示におとなしく従っていたら、ロンメルのここまでの活躍は実現しなかったに違いない。また、当時はすでに高位の指揮官は前線から離れた後方から戦闘指揮をとることが常となっていたが、「電撃戦においては状況が瞬時に変化するため、それを把握するためにも最前線に身を置かなければならない」として、危険を顧みず陣頭指揮を身上とした。イギリス兵の多くは、目の前に迫るドイツ軍ではなく、ロンメルを恐れた。

イギリス軍の多くをエジプトまで敗走させたことで、ドイツの世論は大いに沸いた。戦果に喜んだヒトラーも、1941年7月1日付でロンメルを大将に昇進させている。

ロンメルを象徴する言葉としてよく挙げられるのが、「騎士道精神」だ。もともとドイツアフリカ軍団は前線の長大化によって慢性的に物資補給に問題を抱えていた。これもあって、本国からは「敵捕虜は拘束せず殺害せよ」と命じられていた。しかしロンメルはその指示にも従わず、戦時国際法に準拠した捕虜の身の保全を貫き、とくに将校には礼をもって接したとされる。貴族階級の出身でないロンメルがもっとも騎士道精神を発揮していたというのは、なんという皮肉であろうか。

そうした数々の功績や戦術眼の確かさ、高潔(こうけつ)さなどが相まって、ロンメルは敵味方を問わず多くの軍人や政治家などからの称賛を集めることとなった。

**Erwin Johannes Eugen Rommel**●1891年11月15日、ドイツ帝国領邦ヴュルテンベルク王国生まれ。ドイツ軍将校として第一次、第二次世界大戦に参加。とくに第二次大戦では装甲師団を率いた機動戦で才能を発揮し、敵軍を恐れさせた。1944年10月没。

日本海軍を破った男

# チェスター・ニミッツ

## 迅速な「決断」と「実行力」で勝利に導く

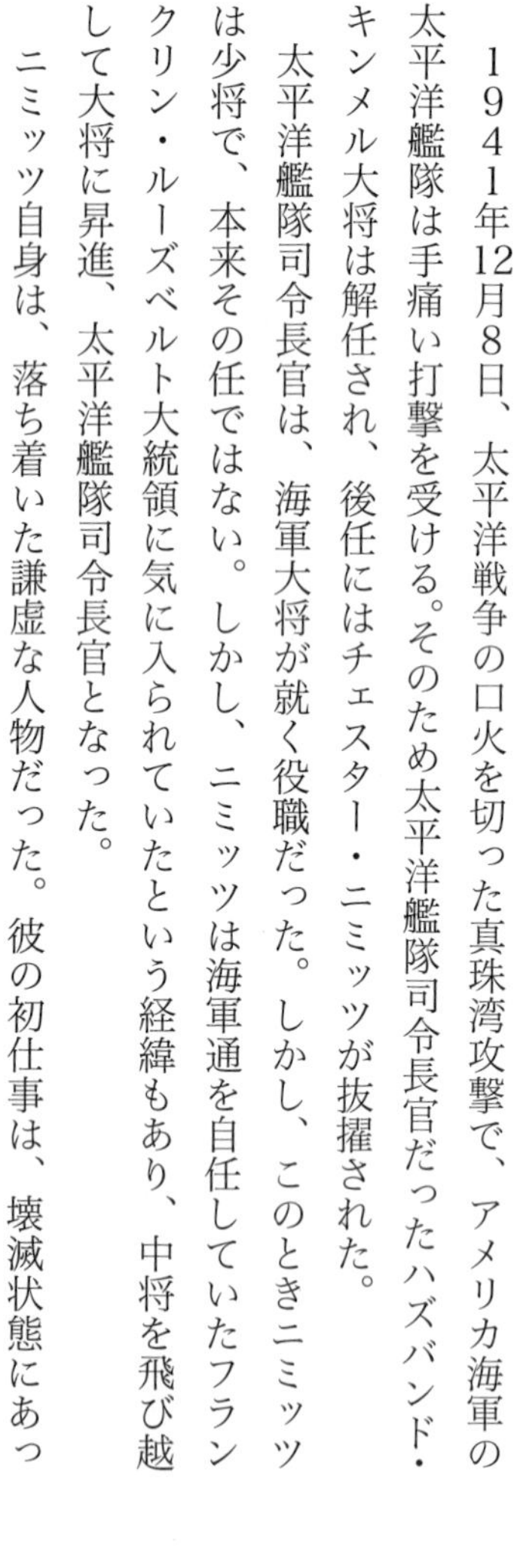

1941年12月8日、太平洋戦争の口火を切った真珠湾攻撃で、アメリカ海軍の太平洋艦隊は手痛い打撃を受ける。そのため太平洋艦隊司令長官だったハズバンド・キンメル大将は解任され、後任にはチェスター・ニミッツが抜擢された。

太平洋艦隊司令長官は、海軍大将が就く役職だった。しかし、このときニミッツは少将で、本来その任ではない。しかし、ニミッツは海軍通を自任していたフランクリン・ルーズベルト大統領に気に入られていたという経緯もあり、中将を飛び越して大将に昇進、太平洋艦隊司令長官となった。

ニミッツ自身は、落ち着いた謙虚な人物だった。彼の初仕事は、壊滅状態にあった太平洋艦隊の再建だったが、「真珠湾の悪夢は誰の身にも起こり得た」と言って、艦隊の幕僚の責任追及をするようなことは避け、更迭もしなかった。これにより部下たちはニミッツを信頼するようになり、艦隊の再建は急ピッチで進んでいく。

当時のアメリカ海軍には、厄介な個性派提督が揃っていた。ニミッツの上官だったアーネスト・キング海軍作戦部長は偏屈な人嫌いで、きわめて敵の多い人物である。またアメリカ空母機動部隊を率いたウィリアム・ハルゼーも、「ブル」というニックネームで知られた乱暴者で、「キル・ジャップ！（日本人を殺せ！）」を口癖としていた。ニミッツは、そうした一癖も二癖もある周囲の提督と柔和に人間関係をつくることのできた人物で、まさにアメリカ海軍の扇の要のような存在であった。

１９４２年春、日本軍はニューギニアの要衝、ポートモレスビー攻略を目指してその近海での活動を活発化させていたが、ニミッツは無線の傍受、解析などによってオーストラリアを押さえ込もうとする日本軍の作戦意図を察知すると、オーストラリア北東の珊瑚海に速やかに空母部隊を派遣。ここに史上初の空母機動部隊同士の戦う、珊瑚海海戦が勃発。戦いの結果は双方が空母を1隻ずつ失う痛み分けとなったが、日本軍はポートモレスビー攻略を完遂できず、開戦以来の快進撃にブレーキがかかる。「戦術的には、わずかに日本軍の勝利だが、戦略的にはアメリカは勝利を収めた」とニミッツが自賛するように、自身の迅速な決断がその後の運命を変えるきっかけとなる。

## 迅速な手腕を見せる

珊瑚海海戦における損傷などから、同年6月のミッドウェー海戦に日本の空母2隻が参加できなかったのに対し、ニミッツは同じく珊瑚海で損傷した空母ヨークタウンを突貫工事で修理させ、ミッドウェーに投入。また、キングら上官は、日本のミッドウェー来襲に関して懐疑的であったのだが、ニミッツはさまざまな情報分析から「日本軍はミッドウェーに来る」と確信、南太平洋にいた空母部隊をハワイに戻し、さらに素早くミッドウェーに兵器や物資を集めて危機に対応する。温和で謙虚な人柄ではあったが、そういう迅速な決断と実行力のある人物でもあった。

ニミッツは若い頃、日露戦争の英雄、東郷平八郎に会ったことがあり、尊敬の念を抱いていた。そのため、敵でありながら日本人を侮るようなことを潔しとしなかったという。また広島、長崎への原爆投下にも批判的だったとされ、日本が降伏した後、部下たちに「日本人を粗略に扱ってはいけない」といった指示も出している。戦時中の空襲で焼失していた、東京・原宿の東郷平八郎を祭神とする東郷神社の再建計画が持ち上がった際には、日本に寄付金を送ってもいる。

ニミッツは万事において控えめな人物で、マスコミを相手にペラペラとしゃべるようなこともしなかったため、アメリカに太平洋戦争の勝利をもたらした重要な人物であったにもかかわらず、アメリカの一般民衆の間における知名度は低かった。しかし彼は「歴史は歴史家が書けばいい」と、気にしていなかったという。

**Chester William Nimitz**●１８８５年、アメリカ合衆国テキサス州生まれ。アナポリス海軍兵学校卒。第二次世界大戦中に、アメリカ太平洋艦隊司令長官兼太平洋戦域最高司令官を務めた。１９４７年に軍を退役。カリフォルニア大学の理事を務め、また日米友好にも尽力した。最終階級は元帥。

ベトナムの解放者

# ヴォー・グエン・ザップ

## 人民の力とゲリラ戦でフランス軍を粉砕

ヴォー・グエン・ザップは1911年、当時フランスの植民地だったベトナムに生まれた。父親は、ベトナムをフランスの支配から解放しようと活動していた独立運動家で、ザップの少年時代、逮捕されて獄死している。

ザップは成長していくなかで共産主義思想に触れ、1929年に結成されたインドシナ共産党に加入する。1939年に共産党が非合法化されると、ザップは中国へ逃れ、中国共産党の庇護(ひご)下で活動するようになる。

1941年に始まった太平洋戦争のなかで、ベトナムは事実上、日本軍の支配下にあった。しかし、44年、ザップはゲリラ組織を作って闘争を開始。45年の日本敗北の直後、ホー・チ・ミンを初代国家主席とするベトナム民主共和国が建国され、ザップは内相に就任した。

だが、これに黙っていなかったのがフランスだった。フランスは戦前と同じように、再びベトナムを植民地に戻そうとしていたのだ。そして1946年12月、ベトナム民主共和国とフランスとの戦争、第一次インドシナ戦争が勃発する。

フランスはハノイやサイゴンなどの主要な都市を手早く制圧していくが、ホー・チ・ミンは農村などに展開してのゲリラ戦を主体とした戦いを行っていく。このときの、ベトナム側の軍事責任者となっていたのがザップだった。

ベトナム側は粘り強いゲリラ戦を展開し、フランス軍に大きな損害を与えていく。フランスでは、帰国した負傷兵たちの姿を見て厭戦(えんせん)感情が広がっていったが、一方でベトナム側も、ゲリラ戦だけではなかなか勝利できなことについて悩んだ。

1953年後半の段階で、フランスはベトナム側のゲリラ戦によって追い込まれつつあり、確固とした実効支配地域は、ハノイを中心としたトンキン・デルタ地帯くらいになっていた。ただし、ベトナム側も決定的な一押しができていない状況にあった。

## ディエンビエンフーの勝利

フランスは、航空兵力ほか最新式の兵器の保有に関してはベトナム側を圧倒的に上回っており、主力同士が正面から激突すれば勝利できると考えていた。そこでフランスは、ベトナム北西部の盆地、ディエンビエンフーに落下傘部隊を降下させ、周辺の穀倉（こくそう）地帯を押さえると同時に、ベトナムの主力部隊をおびき出し、一気に撃破するという作戦を立てた。この作戦はあまりにもベトナムを侮りすぎているという批判もあったが、最終的には決行されることとなる。53年11月、ついにフランスの落下傘部隊がディエンビエンフーに降下する作戦が実行に移された。

一方のザップは、このディエンビエンフーでフランス軍を一気に包囲殲滅（せんめつ）し、戦争にケリをつけようと考えていた。確かにベトナム側は装備の質や量でフランスに劣っている。しかし、そこを中国共産党仕込みの人海戦術と機動力で突破しようと考えた。ザップはディエンビエンフー周辺のジャングル内に、巧みに補給網や情報伝達ラインを構築。それらを駆使して実に9万もの兵をディエンビエンフーに迅速に集めると、約1万のフランス軍を包囲。フランスも航空兵力などを用いながら必死に反撃を敢行。包囲戦は50日近くにもおよび、ついに1954年5月、フランス側指揮官のクリスティアン・ド・カストリが捕虜となり、ディエンビエンフーの戦いは終わる。

この敗北を見て、フランスでは停戦を求める世論の声が高まり、1954年7月、フランスとベトナムの間でジュネーブ休戦協定が交わされることとなった。

**Võ Nguyên Giáp**●1911年、ベトナムクアンビン省生まれ。青年時代から反仏運動に参加。ベトナムから中国に脱出、40年、ホー・チ・ミンに出会う。第二次大戦後のインドシナ戦争で軍総司令官となり、フランス軍を撃退。2013年死去。

ビンラディンの殺害作戦を指揮

# ウィリアム・マクレイヴン

## 特殊部隊による急襲で作戦を成功に導く

ウィリアム・マクレイヴンはアメリカ海軍の軍人だったが、艦隊勤務には就かず特殊作戦に従事。2001年に発生したアメリカ同時多発テロ事件の首謀者と目されるアルカイダの指導者ウサマ・ビンラディンの殺害作戦を指揮している。

2008年、マクレイヴンは中将としてJSOC（統合特殊作戦コマンド）の司令官に就任。イラクやアフガニスタンで特殊作戦を指揮する立場に就いた。

他方、CIA（中央情報局）はビンラディンの捜索を水面下で進めていた。ビンラディンは同時テロの後の米軍のアフガニスタン攻撃から逃れ、パキスタン北西部に逃走した後、姿をくらませていた。CIAは10年近くをかけ、ようやくビンラディンがパキスタンのアボッタバードに潜伏しているという情報を得た。そしてついに、ビンラディン襲撃作戦の立案と準備がマクレイヴンに命令されることとなる。

考慮された作戦案は3つあった。〝トマホーク巡航ミサイルで潜伏先の邸宅を攻撃する〟〝ヘリコプターによって特殊部隊を送り込んで急襲する〟〝パキスタン軍と共同作戦を取って攻撃する〟の3案だったが、オバマ大統領は検討の末ヘリコプターを利用する案を採択した。ミサイルによる攻撃案ではビンラディンを殺害し得たとしてもそれを確認する方法がない。また、パキスタン軍に協力を依頼する案だと、軍内部のビンラディン支持者から情報が漏れる恐れがあった。ヘリコプター案は迅速な攻撃と秘匿性を考慮に入れての決定だったとされている。マクレイヴンは指揮下の部隊から、海軍特殊部隊の秘密行動部隊「シール・チーム6」を選択する。この作戦はネプチューン・スピア（海神の槍）作戦と名付けられた。

作戦が決行されたのは2011年5月2日。本作戦の様子はリアルタイムでホワイトハウスに中継され、オバマ大統領やバイデン副大統領、クリントン国務長官、ゲーツ国防長官などが見守ったという。

## 察知されずに急襲は成功！

突入する特殊部隊員は24人。12人ずつ2班に分かれ、2機のヘリコプターに分乗し、バックアップのヘリ3機とともに深夜にアフガニスタン東部の基地を出発。パキスタン領内を低空で飛行してアボッタバードに迫った。

やがて潜伏先の邸宅上空に達すると、一班はロープを伝って屋上に降下。もう一班は地上から壁を爆破して突入した。ビンラディン側は護衛兵士が少なく、銃撃して反撃してきた者は1人だけだった。特殊部隊は女性や子供を保護しながら邸内でビンラディンを追う。やがて本人を発見したとき、ビンラディンは銃をとろうとしていたところだった。特殊部隊はその場でビンラディンを射殺する。その後、死体のDNA鑑定で本人と確認。特殊部隊は死体をヘリに収容し、その場を去った。パキスタン側の反応を警戒し、作戦は38分という短い時間で終了している。

当時、邸内には子供を含む22人の住人がいたが、作戦の過程でビンラディンと息子、妻の1人を含む5人が殺害された。米軍側の被害としては、失速現象を起こして破損したヘリ1機のみで、死傷者は皆無だった。ビンラディンの死体は空母カール・ヴィンソンに運ばれ、水葬にされている。

ネプチューン・スピア作戦の成功の秘訣は、敵に察知されることなく、深夜に突入して短時間で終了させた機動力にある。また、突入作戦自体が完全に秘匿され、パキスタン軍はおろかアメリカ国内でも一部の者しか知らされてはいなかった。パキスタン政府に対しては作戦終了後に報告したため、主権侵害だと抗議されることとなる。

マクレイヴンはその後、海軍大将に昇任し、SOCOM（アメリカ特殊作戦軍）の司令官を務めたが、現在は退官している。

**William H. McRaven**●1955年、アメリカ生まれ。海軍では特殊部隊「シールズ」隊員として幾多の実戦に参加。秘密部隊「シール・チーム6」中隊長も経験し、その後も特殊作戦部門の要職を歴任した。ウサマ・ビンラディン殺害作戦も指揮した。

ユーラシア大陸最大の帝国の基礎を作った男

# チンギス・カン

## 作戦はすべて自分ひとりで決断した

チンギス・カンはモンゴルの一弱小部族から身を起こし、やがてモンゴルを統一。機動力を活かした圧倒的な戦闘能力で、征西（せいせい）を開始し、中央アジアを焦土化させて制圧。さらには中華の金（きん）国の奥深くまで侵攻した。彼の作ったモンゴル帝国はその子孫に受け継がれ、やがてヨーロッパにまで攻め込んでポーランド・神聖ローマ帝国連合軍を撃破してユーラシア大陸では史上最大の帝国を築いた。

当時のモンゴルは遊牧民の国だった。国家としては成立せず、さまざまな部族が争っている状態で、チンギス・カンはその一部族の長の息子である。しかし父が惨殺されてしまい一族は困窮する。しかし、やがて族長となったチンギス・カンは徐々に配下を増やし、最強の戦闘集団をつくり上げていく。チンギス・ハンの部隊の中心は、精強な騎馬軍団だった。

　チンギス・カンのモンゴルでの戦いは、周囲すべてを敵に囲まれているような状況であった。タイチュート族、タタール族、メルキト族などに囲まれていたが、同じモンゴル族の一族長であるジャムカと盟友関係を結び生き抜いていく。やがてチンギス・カンは機動力を活かした電撃的な侵攻作戦でタタール族を壊滅させ、指導者層を全員斬首にしてのけた。しかしチンギス・カンの勢力が増大すると、盟友だったジャムカとの仲が決裂。ジャムカがチンギス・カンを快く思わないタイチュート族やメルキト族と連合して巨大勢力を結成する。１１８９年頃、両者は十三翼（じゅうさんよく）の戦いで激突した。この戦いで、チンギス・カンは初めて敗北を味わうことになる。しかしこの時期から、チンギス・カンは飛躍的に機動力を増していくことになった。騎馬隊で敵軍に攻めかかり、一度は負けを装って撤退すると見せかける。敵が追走してくるところを伏兵によって側面を突き、敗走を装った部隊も反転して敵を挟撃。それを可能にしたのは、迅速な移動ができる強力な騎馬隊を編成したからだった。

また、戦場での作戦の判断はすべて自分ひとりで断を下し、族長たちが合議して作戦を立てるようなやり方はしない。そのことでチンギス・カンの軍団はより迅速な判断と行動ができるようになった。さらに、敗北後に従属した部族の兵を常に最前線に立たせ、チンギス・カンの直轄部隊に損害が及ばないようにしていく。

## 戦場に応じて戦い方も変化

実はこの時期のチンギス・カンの戦闘の詳細は伝わってはいない。しかし、モンゴル草原を疾駆する騎馬隊の精強さは多くの伝説で残されている。一度敗戦したジャムカとは1200年頃に再び激突。今度はチンギス・カンが勝利して、それ以後、ジャムカの勢力は急速に衰退していくことになる。その時期にチンギス・カンはモンゴルでは最強の氏族となり、メルキト族やケレイト王国などを屈服させ、ついにモンゴルを統一することになった。

しかし、チンギス・カンの飛躍はここで止まらない。南方の大国である金国とも戦端を開き、城郭都市に守られた金国に対して当初は苦戦。それまで騎馬隊の機動力ばかりに頼っていた戦法も、攻城を目的に置いた戦法へと変化していくこととなる。またアフガニスタンまで攻め込んだ征西では、家族までも同伴した大遠征を行い、敵勢力を徹底して殲滅（せんめつ）させる虐殺戦法をとっている。戦いの様相によってさまざまな戦略を自分ひとりの判断で行っていたことが、凄まじい版図（はんと）拡大の最大の要因だった。

**Chinggis Qan**●1162年（諸説あり）、モンゴル生まれ。モンゴルの一部族長の嫡男だったが、父の死によって部族は没落。兄弟たちと力を合わせて独立を守り通し、やがてモンゴルを統一し、巨大なモンゴル帝国の基礎を作った。1227年に陣中にて病死。

相対的戦力バランスが変化したときに攻守は逆転する

# 戦力転換点を見極める

戦争を行う目的は各自それぞれだが、“戦闘”の目的はただひとつ「目の前の敵を撃破する」ことにある。そのためには、きわめてシンプルな原理であるが“攻撃”という手段を用いて敵を倒す以外にない。そして戦いに勝利することで、敵の目的を打ち砕くのである。しかし戦闘において、攻撃は防御より難しい。一説に「攻撃3倍の原則」とされ、攻撃側は敵の3倍以上の兵力を集中しなければ敵を撃破できないともいう。

「攻撃は最大の防御」と言われるように、サッカーなどの試合において敵陣に攻め込んでおけば高確率で失点は防げる。しかし、どれだけ攻め込んでいても10人全員で敵に守られれば、簡単に点を挙げることはできない。そのまま試合の流れを渡さずシュートを決められればいいが、敵も守りを固めながら一瞬の攻撃チャンスを待っている。そして攻撃側の油断や疲労、怪我などにより“相対的戦力バランス”が逆転する時間帯がやって来た瞬間、カウンター攻撃を食らってしまう。

戦場でも攻勢時の油断や消耗、防御側の増援部隊の到着などで、いつ戦力バランスが一変するか分からない。これが戦力転換点と呼ばれるもので、これを認識せずに攻撃から防御へのタイミングを誤ると、“寡兵に敗れる”という歴史的敗北を喫してしまうこととなる。

# 統率力

「船頭多くして船山に上る」とのことわざのように、戦場においては指揮の一本化は必須だ。軍の巨大化は命令系統の複数化にもつながる。複数の命令系統は軍隊に混乱を生じさせ、内部対立をも生む。そのようにならないためにも、指揮官の統率力は重要となる。

## 諸葛亮にたとえられる天才軍略家

# 楠木正成

## 大軍の包囲にも離反しなかった楠木党の兵たち

楠木正成は鎌倉時代の末期に悪党として勢力を蓄え、千早城で反幕府の旗を掲げた。幕府軍の大軍に包囲されたが籠城戦を展開。落城することなく持ちこたえ、結果的に全国的に挙兵が相次ぎ鎌倉幕府を滅亡させることとなる。

悪党とは鎌倉幕府の末期に出現した地方勢力で、幕府の御家人ではなく独自に兵力を蓄えていた者のこと。正成の出自は不明だが、河内国（現・大阪府）を拠点に、北条氏直属の家来である「得宗被官」となり、同地域の反幕府勢力を討伐するなどしていた。

元弘元（1331）年になり、後醍醐天皇は倒幕を策していることを幕府に悟られると、捕縛の手を逃れ山城国・笠置山で挙兵した。後醍醐天皇が笠置山に正成を招聘して挙兵を促すと、正成はこれに応じて赤坂城で護良親王を奉じて挙兵。わずか５００の兵で推定1万ともされる幕府の大軍に抗いつづけた。しかし肝心の笠置山が落城すると、正成はにわか作りの城では長期戦を戦えないと判断して落城を装い、護良親王と共に姿をくらましてしまった。

　幕府はこの戦いで正成が戦死したものとみなしたが、実際は長期戦に耐えられる千早城を築き始めていた。後醍醐天皇も隠岐に配流されたが、倒幕の気概はなくしていない。そのことを察した正成は再び挙兵して赤坂城を奪還、千早城を本拠として河内や和泉の地頭勢力を一掃した。幕府は再び数万もの大兵力を発して赤坂城と千早城を攻撃させるが、兵力わずか1０００の正成は頑として千早城を守り続ける。『太平記』によると、藁の案山子を仕立てて敵を騙し討ちしたり、敵を引きつけて石や大木を落としたり、長梯子をかけて登ってくる敵兵に油を注いで火をかけたり、あげくの果ては熱した糞尿を浴びせかけたりと、これまでの戦闘の常識では考えられない奇策で守り通した。水を断ったり、兵糧攻めにしたりという城攻めの常道にも、用意周到に備蓄していた千早城は落ちる気配を見せなかった。

## 逃亡兵の出なかった楠木軍

これらの作戦から、正成は『三国志』の諸葛亮（しょかつりょう）（P204参照）に匹敵する軍師と賞賛されることとなる。『太平記』は創作物であるため、正成の戦術が事実であったかどうかは分からない。しかし、史実としてはっきりしていることもある。それは圧倒的な大軍に包囲されながら、楠木軍のなかからほとんど逃亡兵が出なかったことだ。約3ヶ月間の籠城にもめげず、兵たちは闘い抜いた。このことから、正成には類い稀れな統率力があったことが分かる。悪党とはもともと幕府直轄（ちょっかつ）の地頭に対する荒くれ者の集団だった。軍勢に攻められたら逃げることしかできないが、荒くれ者が確固とした団結力を持って集団化すれば、地頭勢力にとって侮りがたいものになる。それを実践して悪党としての勢力を築き上げたのが正成だった。この正成の統率力は本物で、後に敗戦すると分かっている湊川（みなとがわ）の戦いにも、楠木軍の兵たちは主君とともに死出の出征に赴くことになる。

千早城の戦いで正成が幕府軍と対峙している間に、後醍醐天皇は隠岐を脱出。伯耆国（現・鳥取県）の悪党である名和長年の助けを借りて再挙兵。その後も全国で挙兵が相次ぐと、ついには足利尊氏や新田義貞（P56参照）の挙兵もあり鎌倉幕府は滅亡した。その間も正成は千早城を守り通した。

しかし時代は長年続いた武家社会の影響を大きく受け、源氏の直系である足利尊氏の家柄に多くの兵たちが集まってきた。正成にいかに統率力があったとしても、兵力差は如何ともしがたい。湊川合戦での敗戦は、地方から突然現われた天才軍略家が、家柄のよさに参集した大勢力に敗れた戦いだったといえる。

**くすのき・まさしげ**●生年不詳、河内国（現・大阪府）生まれ。河内の悪党だったが鎌倉幕府討伐を目指す後醍醐天皇の檄を受けて赤坂城、千早城で挙兵し幕府滅亡のきっかけを作った。後に反旗を翻した足利尊氏と戦い延元元（1336）年に湊川の戦いで敗死。

七十数戦、負け知らずの「軍神」

# 上杉謙信

## 私利私欲による戦いとは無縁の〝策士〟

山内上杉家の第16代当主にして、永禄4(1561)年から没する天正6(1578)年まで関東管領の座にあった。戦上手として知られ、〝越後の龍〟と称される。ことに武田信玄(P14参照)との5度にわたる川中島の戦いが有名だが、生涯においては合計で70回以上の大きな戦いを繰り広げ、これに一度として敗れることがなかった。そのため、後世においては軍神とも称される。

これほどまでに軍事的に秀でていた謙信だが、私利私欲による戦いとは無縁であった。多くの戦国武将が家臣の禄を確保するために版図拡大に血道を上げるなか、「依怙によって弓矢は取らぬ。ただ筋目をもって何方へも合力す」という言葉を残している。己の利益は求めないが、求められた助けに道理があれば加勢する、というのが謙信の基本姿勢であった。事実、川中島の戦いは武田氏に領土を脅かされた諸侯からの救援に応えたものであり、関東出兵も北条氏からの攻撃に応戦する形で行動に移ったのが端緒だ。若かりし時分の家督相続や越後の統一なども、領国の安定を願えばこそである。

しかし、それではいつまでたっても石高を増やすことができず、出兵と撤退を繰り返す将兵に褒賞を与えることもできない。そんなことを行っていれば、家臣は不満を募らせていくだろう。しかし、謙信にはそんな不満を和らげる独自の経済政策があった。

衣料の原料となる青苧（あおそ）の栽培を推奨し、これを海路で全国に売り広げて財源としたのだ。それ以外でも領内の物産流通については統制管理を徹底しており、莫大な利益を上げた。経済振興による領国経営では織田信長の楽市楽座などが有名だが、謙信も経済感覚に優れた内政を展開している。そのため、版図の拡大がなくても将兵への報償に問題は生じない。結果的に平時から結束を高め、有事に備えて練度を高める余裕の獲得にもつながっていった。

ただし、謙信の領国経営は必ずしも順調だったわけではない。ときには家中を二分する騒動が持ち上がったこともあった。

## 搦め手に用いた出奔騒動

弘治2（1556）年、上杉家は本庄実乃および上野家成派と大熊朝秀および下平吉長派の対立が起こっており、ついには蘆名氏や武田氏を巻き込んだ騒乱が越後国全域まで波及していた。国衆同士の紛争の調停にまで駆り出されるようになり、いよいよ精神的な疲労が積もっていく。それが限界に近づいたのが同年3月ごろ。毘沙門天堂に籠もることが多くなり、家臣に出家の意向を漏らすようになる。6月に入っても家中の騒動が収まる気配を見せずにいると、ついに謙信は居城である春日山城を出奔し、一路、高野山を目指した。

慌てたのは家臣団である。家臣の天室光育、長尾政景らが謙信の後を追い、翻意を促した。しかもこのとき、騒動の中心にいた朝秀が謙信に反旗を翻し、事態は切迫する。ひとまず謙信は春日山城に取って返し、軍を率いて朝秀の軍を撃退した。とはいえ、これで家中の騒動が決着をみたわけではない。家臣団は謙信が再び出奔することがないよう「以後は謹んで臣従し、二心を抱かず」としたためた誓紙を謙信に差し出した。

これでようやく謙信は納得したが、この出奔騒動そのものが、実は謙信が仕掛けた人心掌握術だった可能性が高いという。自身を中心に据えた騒ぎを演出することで家臣団の結束をより高め、さらに獅子身中の虫まで炙り出して除いてみせたのである。謙信の策士ぶりが窺える話ではないか。

**うえすぎ・けんしん**●享禄3（1530）年1月、越後国（現・新潟県）生まれ。〝越後の龍〟と恐れられたが、宿敵である信玄が塩不足で苦しんでいることを知って塩を送り、ここから「敵に塩を送る」という慣用句が生まれている。天正6（1578）3月に急逝。

家康を恐れさせた弱小大名

# 真田昌幸

## 秀吉に〝表裏比興〟と賛えられた曲者

画像：東京大学史料編纂所所蔵模写

現代の「卑怯（ひきょう）」という言葉はネガティブな意味で用いられるが、その語源となった「比興」は〝食わせ者〟〝老獪（ろうかい）〟などといった意味が強く、戦国期においてはかなり前向きな評価の言葉のひとつである。これを豊臣秀吉に言わせしめたのが、小国・上田領主の戦国武将である真田昌幸だ。

なんといっても、没するまでに仕えた主君の変遷（へんせん）が賑々（にぎにぎ）しい。信玄から勝頼へとつづいた武田家への臣従は、一般的な戦国武将と同じといっていい。ときには武田二十四将のひとりに数えられることもあり、それだけでも有能な武将であったことの証左といえる。しかし昌幸の本領発揮はここからで、武田家が滅んだ天正10

（1582）年4月には素早く織田信長に恭順。しかしなんと数ヶ月後にはその信長が本能寺の変で倒れるという大誤算が生じる。すると昌幸は武田家家臣時代からの因縁を引きずる北条氏と接触し、さらに北条氏を裏切る形で徳川家康に与（くみ）した。その家康との関係がこじれると、今度は上杉景勝のもとへ。上杉家に人質として差し出していた息子の信繁（のぶしげ）（幸村・P188参照）が豊臣家に移され、そのまま豊臣秀吉に臣従することとなる。これが天正13（1585）年のことで、わずか数年の間に小国の領主に過ぎない昌幸は名だたる戦国大名を渡り歩いたわけである。秀吉が昌幸を〝表裏比興（ひょうりひきょう）〟と評したのは、その翌年のことだ。

　ここまで堂々と変節を繰り返すと、現代の感覚では眉をひそめる人もいるだろう。しかし昌幸は単なる世渡り上手ではない。戦国武将としての類い稀なる才覚を持ち、なればこそ多くの家臣が付き従った。

　昌幸はいくつもの合戦を経験しているが、やはりもっとも本領を発揮したのは天正13（1585）年の第一次上田合戦だろう。真田氏が徳川傘下にあったとき、真田氏が領有する沼田領を北条氏に明け渡すよう家康から指示が出るが、これが徳川氏から拝領したものでないとして昌幸が拒否。さらに後ろ盾を求めて敵対勢力のはずの上杉氏に昌幸が通じたため、激怒した家康は上田城に兵を送った。

上田城に籠城する昌幸が率いる真田軍は総勢1200。対して鳥居元忠らが率いる徳川軍は7200である。6倍の兵力差は、明らかに真田氏側に分がない。

しかしここで、昌幸の奇策が徳川軍を翻弄する。

## 徳川軍を翻弄した昌幸の奇策

閏[注]8月2日、上田城に攻め込んだ徳川軍は、真田軍が強い抵抗を見せずに後退するのに勢いを得て二の丸まで攻め込むが、ここで数々の罠や伏兵の襲撃を受けて混乱に陥り撤退。そこに上田城の追撃隊が襲いかかり、さらに真田氏支城の砥石城に潜んでいた真田信幸（信之）隊などが雪崩れ込んだことで、徳川隊は実に1300もの死者を出したという。一方の真田勢は地の利を活かした戦いによって40ほどの犠牲に留まり、まさに真田劇場とでもいうべき一方的な勝利となった。その後も、

（注）太陰太陽暦で、季節と日付を合わせるためにつけ加えられた月。

徳川軍は3ヶ月にわたって上田城攻略の機会を窺い小競り合いを繰り広げるが、勝機を掴めないまま撤退するしかなかった。

戦国期の片田舎の小国に大軍が押し寄せるとあれば、国人は我先に逃げ出すはずである。しかし真田氏の家臣たちは怯むことなく領内に留まり、優れた統率のもとで大軍を相手に互角以上の一糸乱れぬ戦いを繰り広げて勝利を掴んだ。

これは常に困難を前にしてあらゆる策を講じ活路を見いだしてきた昌幸を家臣団が信頼してきたことの証しであり、誰にでも真似のできるものではないだろう。

その戦上手ぶりは、関ヶ原の合戦の前に起きた徳川秀忠の大軍3万8000による上田城攻めを、わずか二千数百の手勢で撃退した第二次上田合戦でも発揮されている。

**さなだ・まさゆき**●天文16（1547）年、信濃国（現・長野県）生まれ。幼少より武田家に仕え、真田氏の家督相続後は戦国の世を渡って最終的に豊臣氏に臣従。秀吉没後の関ヶ原の戦いでは西軍に与し、九度山に蟄居して慶長16年（1611）に没した。

松下村塾四天王のひとり

# 高杉晋作

## 身分を問わない軍事組織「奇兵隊」を創設

長州藩は周知のように、明治維新の震源地のひとつとなった地域である。その長州藩の討幕姿勢を決定づけたのは、長州藩士・吉田松陰の主宰した松下村塾であり、この塾から伊藤博文や山県有朋など、後の明治新政府をリードする逸材が多数育っていった。

この松下村塾に集まった門人たちのなかでも、久坂玄瑞、吉田稔麿、入江九一、そして高杉晋作を指して、松下村塾四天王という。いずれも討幕の戦いのなかで命を落とし、新しい明治の時代をその目で見ることはできなかったが、いずれも歴史のなかに大きな足跡を残した。

高杉晋作は長州藩の名門、高杉家の長男として天保10（1839）年に生まれた。友人の久坂玄瑞に誘われて松下村塾に入ったのは安政4（1857）年のこと。高杉の親族は尊皇攘夷（そんのうじょうい）、つまり当時における一種の危険思想を唱える松陰を警戒していたというが、高杉自身は松陰に心酔していく。松陰が幕府の老中、間部詮勝（まなべあきかつ）の襲撃を企てるなどして処刑されたときには「松陰先生の仇を取る」と決意し、熱烈な討幕の志士となっていった。

高杉にとくに大きな影響を与えたのは、文久2（1862）年に藩命で中国・上海へ渡り、当時の中国の状況を詳しく視察する機会に恵まれたことである。清王朝は討ちつづく内乱でボロボロとなり、その隙につけ込んできた外国勢力がわが物顔で闊歩するその状況に、「日本をこのようにしてはいけない」と、高杉は強く感じたといわれている。

元治元（1864）年7月、長州藩が京都で起こし失敗した武力クーデター未遂事件、禁門の変（久坂玄瑞が主導し、敗死）の責任を問い、幕府は長州征討の軍を差し向ける。このとき、長州藩は家老らが切腹して謝罪したため、直接の戦闘は起こらなかったのだが、これに乗じて藩内の保守派は高杉ら討幕派を一掃し、藩の政治方針を転換しようと図った。少なからぬ討幕派が動揺し委縮するなかで、高杉は断固これに抵抗すると主張。当初はあまり同調者もいなかったなかから藩内で反保守派の兵を挙げ（功山寺挙兵）、長州藩を強固に討幕姿勢で固めることに成功する。これこそ高杉の統率力の成せる技であろう。さらに慶応２（１８６６）年には討幕同盟である薩長同盟も交わされるのだが、幕府が放っておくはずもなく、同年７月、再び長州征討の軍が派遣されることになるのである。

## 長州征討を撃退

ただ、今度の長州藩の士気は高かった。高杉は、亡き師の吉田松陰が説いた『西洋歩兵論』から着想を得て、すでに隊員の身分を問わない軍事組織、奇兵隊をつくり上げていた。旧来の武士階級と違い、彼らは新しい西洋戦術の習得も早かったといわれ、再度の長州征討、四境戦争（大島口、芸州口、石州口、小倉口の４つの戦線があったことから）では幕府軍を圧倒する。高杉は大島口や小倉口で指揮を執って奇兵隊を鼓舞し続け、幕府軍の主体となった小倉藩が城に火を放って退却せざるを得ない状況にまでに追い込んだ。幕府軍はまさに全面敗北、これで徳川幕府の権威は地に落ち、維新に向けた闘争が、本格的に始まっていくこととなる。

しかし、高杉個人の命脈は尽きかけていた。彼は八面六臂の活躍のなかで肺結核に侵されており、明治改元を翌年に控えた慶応3（1867）年4月14日、29歳で世を去った。「動けば雷電の如く　発すれば風雨の如し　衆目駭然　敢て正視する者なし（動けば雷電のようで、口を開けば風雨のようだった。多くの者はただ驚き、あえて正視する者もなかった）」とは、伊藤博文の言った高杉評である。

**たかすぎ・しんさく**●1839年、長門国（現・山口県）生まれ。57年に吉田松陰の松下村塾に入り、同塾の四天王と呼ばれる。身分を問わない軍事組織、奇兵隊の創設に関わり、66年の四境戦争では幕府軍を圧倒して活躍。67年、結核で死去。

日本軍を作った男

# 大村益次郎

## 蘭学の知識を武器に新政府軍を率いた

大村益次郎はもともと村田良庵（蔵六）と名乗った医者で、文政7（1824）年（諸説あり）に長州藩（現・山口県）で生まれた。

大村は日本の医学に飽き足らず、蘭学、つまりオランダ語を通じた西洋医学の習得に情熱を燃やすようになり、当時の日本を代表する蘭学医だった緒方洪庵（おがたこうあん）が大坂に開いた適塾（てきじゅく）に入門し、その塾頭にまでなった。しかし、嘉永6（1853）年にアメリカのペリー艦隊が黒船を率いて来航、日本を開国させて幕末の風雲時代が到来すると、蘭学は幕府打倒を画策する勢力に、強く求められることとなる。進んだ西洋の軍事技術を取り入れるための手段として、蘭学者たちの能力が必要とされたからである。

幕末当時の諸藩のなかでも開明派として知られた宇和島藩に仕えることになった大村は、西洋式砲台の建設や洋式軍艦の建造を試み、医師よりも軍人のような存在に変わっていく。大村の知識はさまざまなところで引っ張りだことなり、幕府の蕃書調所（洋学研究所）や講武所（軍事研究所）にも勤務。その後、出身地の長州藩の要請で同藩士になり、文久3（1863）年に長州へ帰る。適塾の同窓生だった福沢諭吉はこの頃大村に再会し、大村が非常に過激な攘夷論（外国勢力排撃論）を叫ぶので驚いたと書き残している。

慶応2（1866）年、全国の討幕勢力の中でも代表的な存在となっていた長州藩を叩くため、幕府は10万人もの軍勢を長州に派遣する（第二次長州征伐）。しかし、桂小五郎の意向で藩兵の改革に着手していた大村が、すでに西洋式の軍事訓練を施しており、長州藩は幕府軍を撃退する。大村自身、一部隊を率いて戦ってもいる。結局、この戦いで江戸幕府の権威は瓦解し、慶応4（1868）年から長州、薩摩、土佐などの討幕勢力と幕府の全面戦争、戊辰戦争が始まることとなる。

## 上野戦争にわずか1日で勝利

鳥羽・伏見の戦いに始まった戊辰戦争は終始、討幕勢力優位で進み、慶応4（1868）年4月に江戸城が無血開城され、戦いは終わるかに見えた。しかし、幕府内の徹底抗戦派は降伏を潔しとせず、彰義隊と名乗って上野・寛永寺周辺に立て籠る。大村はこの彰義隊の徹底鎮圧を主張。慎重派だった薩摩の海江田信義を「君は戦を知らない」と一喝して大包囲網を作り上げ、5月14日に総攻撃と決定する。大村は、激戦が予想された寛永寺の黒門口に薩摩兵を配置。これを見た薩摩の幹部、西郷隆盛が「（薩摩兵を）皆殺しにする気ですか」と問うと、大村はあっさりと「そうです」と答えたという。犠牲を厭わない作戦だったが、理詰めで迫る大村に皆、従わざるを得なかった。討幕勢力は、わずか1日で彰義隊に圧勝した。

その後、大村は新政府軍の事実上の総司令官として戊辰戦争を指揮し、勝利する。大村は西洋式の軍を作り、用兵も合理的な戦法をとったが、こうした知識はすべて書物から得たものだった。そうした分野では当時の日本でもっとも精通していたひとりだが、武士階級に対する配慮をなにも見せない人間であった。薩摩の西郷や海江田に見せた態度からも分かるように傲慢なところもあり、次第に周囲の恨みを買っていく。明治維新が成し遂げられた後の明治2（1869）年、大村は新政府の軍事を司る兵部省の大輔（次官）に就任して日本陸軍の事実上の創始者ともなるが、同年9月4日、守旧派の元長州藩士らに襲撃されてしまう。

重傷を負った大村は、左脚切断などの大手術を受けたが容態は思わしくなく、11月5日、46歳の生涯を閉じた。

**おおむら・ますじろう**●1824年、長門国（現・山口県）生まれ。蘭学医を目指し大阪の適塾に入門。その後、外国語能力や西洋式兵法の知識を買われて宇和島藩や長州藩に仕える。明治新政府の軍事部門担当となり、初代兵部大輔。69年、旧武士階級に暗殺される。

苛烈な人殺し多聞丸

# 山口多聞

## 部下を惹きつけた圧倒的な攻撃精神

昭和17（1942）年4月18日、まだ太平洋戦争開戦からそう日も経っておらず、日本軍も各地で戦局を有利に展開していた頃、アメリカ軍のジミー・ドーリットル中佐による東京空襲作戦が実行された。陸軍航空隊の双発爆撃機を無理に空母に搭載して日本近海まで進出して決行した、ほとんど無謀に近い作戦だったが、ドーリットルの指揮した航空隊は東京や名古屋など、日本の各地を初空襲することに成功する。日本側の被害は軽微ではあったが、国民に与えた精神的な動揺は大きく、昭和天皇も一時「三種の神器」とともに避難するなど、大きな影響を与えた。

日本海軍はこれへの対応、報復の意も込めて、かねてから計画していたハワイ北西のミッドウェー島に対する攻撃作戦を実行すると決断。真珠湾攻撃以来、無敵の活躍を重ねていた第一航空艦隊に出撃を命令する。

ただし、この日本軍のミッドウェー攻略作戦は、このようにドタバタ感もあるなかで決定されたものだったことも手伝って、戦略目標というものが明確に定まっていなかった。作戦の主目標はミッドウェー島の攻略なのか、それともその周辺に出撃してくるであろう敵部隊の撃滅なのか、そのあたりへのはっきりした指示もないまま、第一航空艦隊は空母4隻を率いて、ミッドウェー島へ進撃していった。

6月5日、ミッドウェー島近海に到達した第一航空艦隊は、同島に存在するアメリカ軍基地を攻撃するための航空部隊を出撃させる。一方、アメリカ軍側も暗号解読などによって日本軍がミッドウェー島を攻撃することを予想しており、第一航空艦隊襲来を確認して、同島の基地や近海に配置した空母部隊から航空部隊を発艦させた。

このような状況のなかで、明確な攻撃目標を持っていたわけでもなかった第一航空艦隊は混乱する。陸上基地を攻撃するのならば、航空部隊には爆弾を搭載する必要がある。しかし、敵空母部隊への攻撃ならば魚雷を搭載するほうがいい。一方で、敵航空部隊は次々と飛来。すでに発艦させた味方航空部隊の帰投も受け入れないといけない。多くの情報が錯綜するなかで、第一航空艦隊にはスキが生まれ、そこをついてアメリカ航空部隊は日本の空母に殺到。『赤城』『加賀』『蒼龍』の3空母が被弾し、次々と炎上、撃破されていったのである。

## 空母『飛龍』の逆襲

このとき、たまたまこの3隻の空母から離れた位置にいたため沈没を免れた、日本側に残った最後の空母『飛龍』に乗っていたのは、海軍少将・山口多聞であった。対米開戦前から空母部隊の指揮を執った経験がある航空主兵論者で、苛烈なまでの攻撃精神を持ち、部下に下した命令の激しさから「人殺し多聞丸」というあだ名をつけられていたほどの人物だった。

山口は「我レ今ヨリ航空戦ノ指揮ヲ執ル」と布告。『飛龍』単独で、敵空母に向かっていった。このとき山口は「敵空母を撃沈する」という明確な目標を持っていた。自らが作戦を立案し、「人殺し多聞丸」の名の通り、山口は航空部隊に矢継ぎ早の攻撃命令を下し、敵空母『ヨークタウン』を航行不能に追い込んでいく。誤認情報ではあったが、山口の下には空母をもう一隻撃沈したとの報も入り、「これで勝てる」と思った乗組員もいたという。それほど乗組員は、山口のもとで一丸となって戦っていた。

しかしこの日の夕方、最後の日本空母に殺到する敵航空機の猛攻を受け、『飛龍』はついに大破炎上。航行不能となり、味方の駆逐艦に魚雷を撃たせ雷撃処分となった。山口は部下に退艦を命じながら自身は『飛龍』に留まり、ミッドウェーの海に沈んだ。

**やまぐち・たもん**●1892年、東京生まれ。海軍兵学校、海軍大学校卒。第一次世界大戦に従軍する。日中戦争では航空部隊を率いて重慶爆撃を指揮。第一航空艦隊に加わり、真珠湾から戦うも、42年ミッドウェー海戦で戦死した。最終階級は中将。

### 100戦して不敗の神話を築く

# アレクサンドロス大王

## 卓抜した戦士としての能力で全幅の信頼を得る

アレクサンドロス（3世）は古代マケドニアの王で、アテネと戦いギリシアを統一。その後、東征の軍を起こしアフリカやインドにまで攻め込んだ。

父王の急死によってアレクサンドロスがわずか20歳で王位を継承したとき、すでにマケドニアはギリシアでは随一の勢力を得ていた。そこでアレクサンドロスがまず手をつけたのは軍制の改革だった。当時は重い甲冑（かっちゅう）に槍（やり）と盾（たて）を持った兵が主流だったが、それでは機動力が劣るとアレクサンドロスは判断。軽装備のうえに盾までなくしたが、その代わりに長い槍を持たせた兵を軍団の主力とした。この軍制改革が成功してマケドニア軍は連戦連勝をつづけていくなか、その征途に大きく立ちはだかるのは当時では最大の版図を誇っていたペルシャ王国だった。

紀元前331年にアレクサンドロスは4万7000の軍を率いてチグリス川の上流地域へ侵攻を開始する。これに対してペルシャ軍はダレイオス3世が自ら指揮して、20万とも30万ともいわれる大軍で迎え撃った。この戦いをガウガメラの戦いという。

ペルシャ軍の主力は戦車（戦闘用馬車）部隊と騎兵で、ダレイオスはこれを両翼に展開させ中央の本陣の前には歩兵を布陣させた。これに対してアレクサンドロスは軍を二手に分け、自らは右翼軍の中核として布陣した。そしてペルシャ軍の騎兵を引きつけ、本陣との間に開いた空間に突入し中央のダレイオスを襲う作戦だった。

いざ戦端が開かれると数に勝るペルシャ騎兵が、アレクサンドロス軍の騎兵を後方へと押し戻す。騎兵と敵本陣との間に空間を作る作戦であったため、アレクサンドロス軍の左翼の騎兵は敵を誘うように退却していく。その隙を捉えたアレクサンドロスは右翼の騎兵を率いて、敵軍の目前を横切って誘いをかけた。それにつられて敵の左翼の騎兵が突出してくると、突如として反転、自身が先頭に立ってペルシャ軍の本陣に斬り込んでいく。本陣の前には歩兵部隊が守っていたが、騎兵の突撃の前になすこともなく崩れ、やがて本陣も総崩れになってしまった。ダレイオスの首を取ることはできなかったが、ガウガメラの戦いはアレクサンドロスの完全な勝利であり、ペルシャの大軍はこの結果四散してしまうことになる。

## 軍の団結力が強さの秘密

この戦いの勝因は騎兵の機動力を使った本陣への突撃であることは間違いない。しかしもうひとつ見逃してならないのは、アレクサンドロス軍の将兵たちが王の指示通りに動いたことが挙げられるだろう。一方のペルシャ軍では、アレクサンドロス軍の騎兵を追い立てた右翼の部隊が、反転して敵を攻撃することなく物資集積所を襲って略奪に手を染めた。これに対してアレクサンドロス軍は王の作戦通りに動ききり、敵陣に空間を作るためにそれぞれの役割を果たしている。このことから見てもアレクサンドロスの統率力が並大抵のものでなかったことが分かるだろう。

アレクサンドロスは指揮官としても天才的であったが、戦士としても卓抜した能力を持っていた。父王のもとで将として戦っていた時期も、常に先頭に立って兵士と生死をともにしている。豪傑が讃えられるように兵士たちはアレクサンドロスの戦闘力に全幅の信頼を置いていた。また、プトレマイオスやヘファイスティオンなど将官の多くが幼少時代からともに練磨してきた友人でもあった。このことからアレクサンドロス軍の団結力は当時として卓抜していたといえる。

王自身が戦う姿を兵士たちに見せることにより、その能力をもって信頼を置かせた。各部隊を指揮する将官には友人として気心の知れているものを多用する。その結果生まれた統率力によって、アレクサンドロスはヨーロッパ、アフリカ、アジアにまたがる大帝国を築き上げることに成功したのだ。

**Alexander the Great**●紀元前356年、マケドニア生まれ。若くして王の地位についたアレクサンドロスは軍制を改革してギリシアを統一。その後、大東征を開始してアジア、アフリカにまたがる大帝国を築いたが、紀元前323年に急逝した。

軍事教練好きのロシア皇帝

# ピョートル1世

## 海軍創設、軍政改革によりロシア軍を統一

ピョートル1世は17〜18世紀のロシア皇帝で、生涯を軍事に捧げてスウェーデン王国と戦い、ロシアの長年の宿願だったバルト海の覇権を獲得。ロシア帝国をヨーロッパの列強のひとつに成長させた。

幼くして皇位を継承したが実際に親政を開始したのは1694年、ピョートル1世が22歳のときだった。皇位を継承してから親政を開始するまでの期間、ピョートル1世は軍事教練に励み、自らも兵卒として戦いに参加。軍事に対する傾倒は並大抵のものではなく、変名を使ったヨーロッパ歴訪で船大工として働いたりロンドンの海軍造船所を見学したりと、海軍の重要性を身をもって学んでいた。

親政を開始するとまず着手したのは軍制の改革で、海軍省や砲兵学校の他、ロシア初となる艦隊も創設。当初の海軍は、海軍といいながら河川で行動していたが、ピョートル1世は黒海ないしはバルト海での海軍の運用を考えていた。17世紀のロシアは内陸国である。黒海周辺はオスマントルコの領地で、さらにロシア本土からバルト海へ通じる道にはスウェーデン王国に属国化した小国がひしめいていた。当時のオスマントルコはロシアを凌ぐ強国だったため、ピョートル1世はまずバルト海沿岸からのスウェーデンの影響力を排除しようとしたのである。

ピョートル1世は戦いの前に、ポーランドやデンマーク＝ノルウェー（同君連合）と外交交渉を開始し、イギリスやオランダまでも取り込んで北方同盟を成立させた。大北方戦争は1700年に東西両方向から始まり、デンマーク＝ノルウェーはスウェーデン軍にコペンハーゲンまで攻め込まれ早々に降伏してしまった。ロシアはバルト海沿岸まで侵攻したが、ナルヴァ（現・エストニア）の戦いでカール12世が率いるスウェーデン軍の前に手痛い敗戦をしてしまう。カール12世は矛先をポーランドに転じると、ワルシャワへと進撃していった。その間、ピョートル1世は壊滅した軍隊の再建に着手し、陸軍連隊などを設置。翌年末には再びバルト海へと進撃すると、ネヴァ川の河口を占拠して要塞化することに成功した。これが後にロシアの首都となるサンクトペテルブルクへと発展していくことになる。

## 身をもって学んだ統率力

1707年、ついにカール12世は、4万4000の大軍でロシアに侵攻してくる。ロシア軍は抵抗することができず、内陸に押し込まれていく。そこでピョートル1世がとった作戦は国土に火を放つ焦土作戦だった。撤退するにあたり付近の物資や耕作地を焼き払うとあたりは焦土と化す。そのためスウェーデン軍は、占領地で物資の調達をすることができず進撃は困難をきわめた。さらに極寒の冬が始まると、冬将軍がスウェーデン軍の進路に立ちはだかる。春が来る前にスウェーデン軍の戦力は飢えと疫病で1万6000にまで減少していた。一方、援軍が到着したロシア軍は弱体化したスウェーデン軍を撃破。カール12世はスウェーデンに帰ることができずトルコへ逃れることになった。

　この大敗でスウェーデンのバルト海沿岸諸国への影響力は弱体化。その後もピョートル1世は新設した海軍でこれを次々と陥落させていき、ついにバルト海での制海権を得た。後にこの戦争にはトルコが参戦して混沌化していくが、最後までロシアはバルト海沿岸の領土を確保し続けた。

　この大北方戦争でのロシアの勝利は、それまで貴族の寄り集まりだったロシア軍を統一し、思うままに動かしたピョートル1世の軍事指導の賜物である。幼い頃から軍事教練に身を挺していたピョートル1世の指導力が、ロシア軍の統率にもつながっていたのだ。

**Peter the Great**●1672年、ロシア生まれ。幼くして皇位を継承したが、姉の摂政政治下で少年時代は軍事教練ばかりして過ごした。長じて親政権を得てからは大北方戦争を自ら指揮して、バルト海の覇権を確立させた。1725年に感染症により死去した。

ルーデンドルフとの「黄金コンビ」

# パウル・フォン・ヒンデンブルク

## 全幅の信頼を置く参謀長に作戦指揮を任せる

第一次世界大戦の勃発は1914年7月28日のことだが、この戦争でイギリスやフランス、ロシアなどを相手に4年超戦いつづけたドイツは、あらかじめこの戦争をどう戦うかの青写真を描いていた。それをシェリーフェン・プランと呼ぶ。

ドイツ参謀本部は長年、もし周辺国の多くを敵に回しての戦争に直面したらどうなるかのシミュレーションを練りつづけており、第一次世界大戦勃発直前に死んだアルフレート・フォン・シュリーフェン参謀総長は、その策定の責任者であった。

シェリーフェンの構想とは、以下のようなものだった。まず、ドイツが周辺国との戦争に突入した場合、ドイツ軍はベルギーに侵攻後、同国内を一気に通り抜けてフランスに侵入する。そしてドイツ軍は矢継ぎ早の攻勢をかけ、6週間以内にフランスを降伏に追い込む。そしてドイツは、今度は主力を一気に東に向け、ロシア軍と対峙してこれを撃破する。ロシアはフランスに比べ、兵の動員能力や輸送能力が劣るので、フランスを6週間以内に撃破できれば、東方（ロシア方面）を心配する必要はない——というものだった。

このプランは、シュリーフェンの後任の参謀総長となったヘルムート・ヨハン・フォン・モルトケ（p18のルムート・フォン・モルトケ参謀総長の甥。伯父は大モルトケ、甥は小モルトケと呼ばれる）が若干の修正をした後、実際に第一次世界大戦で実行された。

ドイツ軍は多少の抵抗は受けつつもベルギーを通過し、そのままフランスになだれ込むが、9月6～12日に起こったマルヌ会戦に敗れ、進撃が止まってしまう。ドイツ側で定めていた「6週間でフランスを撃破」の期限は切れようとしており、東方にロシア軍の脅威が迫ってくる。

ドイツ東部の防衛を担当していた第8軍のプリトビッツ将軍は、迫るロシア軍を見て参謀本部に撤退を具申。しかしこれは却下され、参謀本部はプリトビッツの解任を決定する。そして、その後釜として着任したのが、すでに引退していた老将、パウル・フォン・ヒンデンブルクだった。ヒンデンブルクは冷静沈着との評判が高い人物で、土地勘もあった。しかし、特筆すべきはその度量の広さで、彼は参謀長のエーリヒ・ルーデンドルフを全面的に信頼し、実際の作戦指揮を任せた。

## ルーデンドルフとの名コンビ

ロシア軍がドイツに迫ったとき、ドイツ軍は約15万の陣容であった。しかしロシア軍は総兵力40万であり、ドイツは不利な状況に置かれていた。しかしドイツ軍は、無線の傍受などによってロシア軍は第1軍と第2軍に分かれており、しかも双方の司令官が不仲、かつ、第2軍は当初の想定進路から外れて東プロイセン・タンネンベルクに向かっているとの情報をキャッチする。

ドイツ軍は兵士たちを列車に乗せると、迅速にタンネンベルクへ向かった。ロシア第2軍は、そこにドイツ軍が現れることなど想定もしておらず、また長い遠征で補給物資が欠乏していた事情もあり、8月末、約20万の兵力のうちの大半を失って壊滅する。これによってロシア第1軍も撤退せざるをえなくなり、ドイツ当方の危機はひとまず去った。兵士を鉄道輸送するという機動力を活かした作戦指揮が、ドイツ軍を勝利に導いたのである。

第一次世界大戦は1918年までつづくが、このタンネンベルクの戦いによってロシアの権威は失墜し、革命勢力が国内に跋扈(ばっこ)して、まともな戦争指導が行えなくなっていく。ヒンデンブルクとルーデンドルフのコンビは「幸福な結婚」と呼ばれ、ヒンデンブルクがルーデンドルフに全幅の信頼を置いて腕を振るわせる黄金コンビは、第一次世界大戦のドイツを支えつづけていった。

**Paul von Hindenburg**●1847年、プロイセン・ポーゼン生まれ。軍人の家系に生まれ、プロイセン軍に入るが、第一次世界大戦時には引退していた。タンネンベルク戦前に復帰し、第一次世界大戦を戦い続ける。戦後は右派勢力に担がれドイツ大統領に。1934年死去。

米軍一の暴れん坊

# ジョージ・パットン

## 常に先頭に立ち部隊の士気を高めた

第二次世界大戦時のアメリカ陸軍の将軍、ジョージ・パットンは、１８８５年、アメリカ独立戦争や南北戦争で戦った軍人たちを祖先に持つ、軍隊一家に生まれた。幼少期から軍人を志していたという。

成長して希望通りに軍人になったパットンは、騎兵連隊を経て機甲部隊指揮官となり、第一次世界大戦でドイツ軍と戦う。パットンは戦車の有用性を主張し、第2機甲旅団長、第2機甲師団長を歴任する。１９４１年12月にアメリカが第二次世界大戦に参戦を決めると、独伊軍とイギリス軍が戦う北アフリカ戦線に派遣されることが決まった。

パットンが北アフリカに着任したのは、１９４２年11月のことである。北アフリカ戦線の天王山とも呼べるエル・アライメンの戦いは同年8月、すでに終わっており、ドイツ軍はジリ貧になりながらの後退をつづけていた。しかし、精強を謳われたドイツ・アフリカ軍団は簡単にやられる相手ではなく、同時期、ドイツ軍の運用した当時世界最強との評価もあったタイガー戦車（ティーガーⅠ）が北アフリカに投入されるなど、連合軍はまったく気が抜けない状況にあった。事実、43年2月にチュニジアのカセリーヌ峠で行われた戦いで連合軍は敗北し、参加していたロイド・フリーデンダール少将が解任されるといった出来事が起こる。パットンは、そのフリーデンダールの後任として米軍第2軍団の司令官に着任した。

## 隊律を厳格に重視

すでに１９３９年からドイツとの戦いに身を投じていたイギリスと異なり、アメリカはこの時期に、やっと戦場にやって来た新参者だった。イギリス軍将兵は、アメリカ軍を何も知らない弱虫だとバカにしており、実際、アメリカ軍はそういわれても仕方のない練度の低い状態にあった。パットンはこの状況を改善すべく、部下を徹底的に叩き直し始める。具体的にいえば、さまざまな規則を厳格に守ることを強い、だらしない態度をしている将兵などを厳しく叱責。一方で、勇敢な行動を見せた部下などは大げさなまでに称賛し、部隊の士気を高めた。またパットンは率先垂範で、自部隊が行動するときには常に先頭に立ち、「私に会いたいときは、いつでも部隊の先頭に来るように」と公言していた。そして、後方の安全な指揮所に居座っているような将校を、厳しく罵倒する。

こうした飴と鞭を使い分けるパットンに鍛え直された北アフリカのアメリカ軍は精強な存在となっていき、1943年3月にはチュニジアでイギリス軍と協力してドイツ軍を挟撃（きょうげき）、撃破。ドイツ・アフリカ軍団は同年5月に降伏し、北アフリカ戦線は終わった。

パットンはその後のイタリア戦線でも活躍。ただその戦いのなかで、戦場で精神的なダメージを負って野戦病院に入院している兵士を見て、「臆病者だ」と激怒する。その兵士を殴打して指揮官の職を解任され、史上最大の作戦と呼ばれたノルマンディー作戦にも参加できなかった。ただ、パットンの精強さはドイツ軍でも認識されており、連合軍は「パットンの指揮する特命部隊がいる」といったようなニセ情報を流し続け、ドイツを翻弄（ほんろう）したという。

連合軍がフランスに上陸して本格的にドイツを目指して進撃する状況が整うと、パットンは前線に復帰。アメリカ第3軍の指揮を執り、戦争初期のドイツ軍顔負けの、電撃戦のような快進撃を続けた。

パットンはドイツ降伏後、ハノーバー地方に駐屯していたが、交通事故で負傷し、そのまま1945年12月21日に死去した。

**George Smith Patton**●1885年、アメリカ合衆国カリフォルニア州生まれ。ウェストポイント陸軍士官学校卒。第一次世界大戦、第二次世界大戦に従軍する。第二次世界大戦では北アフリカ、ヨーロッパ戦線で戦った。終戦直後1945年に交通事故死。最終階級は大将。

偉大なる調整役

# ドワイト・D・アイゼンハワー

## 素朴な人柄と事務処理能力で連合軍をまとめる

ドワイト・D・アイゼンハワーといえば、第二次世界大戦におけるヨーロッパ戦線の連合国軍最高司令官であり、戦後はアメリカ陸軍参謀総長、NATO軍最高司令官を歴任。そして1953～61年まで合衆国大統領を務めていた、アメリカ史上もっとも有名な軍人のひとりである。

しかし、彼の前半生はまったく平凡としかいいようのない歳月だった。1915年にウェストポイント陸軍士官学校を卒業してはいるものの、そのとき起こっていた第一次世界大戦には従軍しておらず、少佐になった後、16年もその階級のままだった。ただし、その後、フォックス・コナー、ジョン・パーシング、ダグラス・マッカーサー、ジョージ・マーシャルといった有能な将軍の下で頭角を現していく。

第二次世界大戦が勃発すると、日本の真珠湾攻撃後、アイゼンハワーは陸軍参謀本部で戦争計画の作成を担当。順調に昇任し、戦争計画部副部長、同部長を経て、作戦部担当の参謀次長に就任する。部隊指揮官としてではなく参謀としての大出世だった。1942年にはロンドンに赴任し、ヨーロッパ作戦戦域合衆国陸軍司令官に就任。中将に昇任した。

ヨーロッパ戦線でドイツに対峙した勢力を連合軍と呼ぶが、その内実はまさに、さまざまな国の軍隊の雑居地であった。アメリカ、イギリス、カナダ、オランダ、ベルギー、そのほかフランスの亡命政府関係者まで、多くの国々の軍人たちが、ひっきりなしに出入りしていた。アイゼンハワーはその環境下で、その素朴な人柄と事務処理能力で、抜群の調整役として頭角を現していく。彼自身、「イギリス軍とアメリカ軍の連合は、ブルドックと猫を一緒するような仕事だ」といった愚痴を漏らしているほどだが、そういう難しい調整を彼は積み重ねていき、連合軍の中でなくてはならない存在になっていくのである。

## 史上最大の作戦の立役者

1944年6月に決行されたノルマンディー上陸作戦は、まさにそんなアイゼンハワーが示した統率力の真骨頂だった。この作戦は最終的に、1週間で50万人もの連合軍兵士を、当時ドイツが占領していたフランスに上陸させるというものだった。上陸用舟艇（しゅうてい）や支援砲撃を行う戦艦など、6000隻の艦艇が用意され、1万2000機もの支援航空機が動員されることとなった。これはそれだけの人員、兵器、またそれを動かす補給物資をいかに的確に準備して調整するかという、きわめて困難な作戦であった。そして、それをみごとに取り仕切ったのが、陸軍大将となっていた連合国遠征軍最高司令官、アイゼンハワーだったのである。

ノルマンディー上陸作戦は、10万人超もの死傷者を出しながらも成功。同年8月、連合軍はフランス首都のパリを解放し、一気にナチス・ドイツを追い詰めるため、さらなる進撃をしていく。その状況をがっちりと支え、調整していたのがアイゼンハワーだったのである。

アイゼンハワーは、英首相チャーチルやフランス亡命政権の長、ド・ゴールらとは考え方の合わない部分が多かったが、決して彼らと対立することはなく、温和な調整役として振る舞った。政治家や高級将校だけでなく、一般の兵士からも深く信頼されており、後に大統領となれたのも、そうした性格ゆえだった。経営学者のピーター・ドラッカーはアイゼンハワーを「抜きん出て有能だがとび抜けて面白味のない人物」と評しているが、ある意味で最大の賛辞であろう。

**Dwight David Eisenhower** ●１８９０年、アメリカ合衆国テキサス州生まれ。ウェストポイント陸軍士官学校卒。第二次世界大戦中の連合国軍最高司令官（ヨーロッパ戦線）、陸軍参謀総長、コロンビア大学総長、ＮＡＴＯ軍最高司令官を歴任。53年に米大統領。

## 戦いの結果まで読む『孫子』著者

# 孫武

## 彼を知り己を知れば百戦して殆うからず

孫武は呉の国の将軍だったが、実戦での功績よりも兵書『孫子』の著者として後世の武将たちに大きな影響を与えている。

中国の春秋時代に孫武は中国東部の斉国で生まれた。出自ははっきりしないが、若い頃より兵書の研究に没頭したとされるので、ある程度の富裕層の生まれだと推測できる。『史記』によると在野にあった時代に、後に呉の宰相となる伍子胥と親交を結び、紀元前515年に伍子胥の推挙によって呉王に仕えて将軍の地位を得た。

呉の将軍としての孫武の最大の功績は、中原の大国・楚への侵攻戦である。長年の宿敵だった楚を破るために呉王は孫武と伍子胥を左右の将軍に据え、3万の軍勢で楚へ攻め込ませた。この戦いを柏挙（はくきょ）の戦いという。

　孫武はこの戦いに先立って、近隣諸国との戦いに明け暮れていた呉軍を休ませて戦機が熟すのを待っていた。さらに楚の情報を集め、大将軍・嚢瓦（のうごう）と司馬（軍政の長官）・沈尹戌（しんいんじゅつ）が反目し合っていることを察知。楚の首都へ攻め込むまでの地形や、利用できる河川の周辺までも調べ尽くした。紀元前５３６年にいよいよ戦機が熟すると、孫武は自ら遊撃部隊を率い、呉王とともに進撃する主力軍は伍子胥に託す。この時期、伍子胥は孫武の兵法に心酔しきっていたという。また孫武は、戦闘指揮官としての伍子胥の能力に全幅の信頼を置いていた。

　戦いが始まると楚軍の主力は、船団によって河川を移動して出没を繰り返す孫武の陽動作戦に引っかかり、別の地域におびき出されてしまう。その隙に孫武は伍子胥の部隊が楚の首都を突くという噂を流させた。慌てた楚の主力部隊は急遽転進、呉軍の待ち構える戦場へと急ぐ。呉軍３万に対して楚軍は20万と完全に圧倒していたが、楚軍は陽動作戦によって長駆させられており、疲弊しきっている。３度の大規模な戦いはすべて呉軍の勝利、さらに両軍は漢水の河畔・柏挙でも対峙した。

この時点で楚軍の嚢瓦は首都への撤退を考えていたが、沈尹戌が必死に軍を立て直そうとする。しかし両将の反目は楚軍の兵士を浮き足立たせることとなり、呉軍の主力が突撃をかけると逃走してしまった。呉軍はここで徹底した追撃戦を展開し、ついには楚の首都まで占領。楚王は国外に逃亡したため、一時的ではあるが楚は滅亡。大勝利となった。

## 敵を知ることが勝利の要因

『孫子』には名言が数多く含まれているが、もっとも有名な言葉のひとつに「彼を知り己を知れば百戦殆（あやう）からず」がある。敵軍のすべてを知り尽くして、さらに自軍のことも知り尽くしていれば、１００回戦おうとも危うくなることはないという意味だ。柏挙の戦いはこの言葉を実践したものとなる。まさに情報戦に勝利したものといえる。実際のところ、楚の敗因の大きな要因は嚢瓦と沈尹戌の反目であった。両者が率いる部隊は統一した戦法をとることができなかったのに比して、呉軍の両将軍である孫武と伍子胥は厚い信頼関係で結ばれていて、伍子胥は孫武の作戦通りに動いた。そうなることを知ったうえで決戦に臨んだ孫武の判断が、柏挙の戦いでの勝敗を決定づけている。

柏挙の戦いの後も孫武は、呉と越との戦いでも大戦果を上げた。しかし孫武を重用していた国王が急死したことで運命は変わる。宰相にまで上り詰めていた盟友の伍子胥は次王に疎まれ、名声を嫉妬した者の讒言（ざんげん）によってやがて詰め腹を切らせられてしまう。歴史書『呉越春秋』によれば孫武も讒言にあって辞職を願い出たことになっている。その後の消息はなく、誅殺されたとも、隠棲して『孫子』兵法を書き直していたともいわれている。

**そん・ぶ**●紀元前500年頃の中国・春秋時代の兵法研究者。後に呉の国に仕え、将軍に任じられた。楚や越との戦いでは抜群の功績を上げたが、呉王の死によって跡継ぎの王に疎んじられ、誅殺されたといわれているが、事実は不明。

危険を顧みない突撃で活路

# 班超

## 「虎穴に入らずんば虎子を得ず」を実践した

班超（はんちょう）は貧しい歴史家の家に生まれたが、武人を志すと後漢の西域（中央アジア）を統括する西域都護（せいいきとご）にまで上り詰める。30年以上の長きにわたって、それまで後漢に従っていなかった西域諸国を統治し続けることに成功した。

班超が武人を志した時代、後漢は匈奴（きょうど）と長い間戦っていた。班超は後漢軍の北匈奴征伐に従軍して、兵卒として抜群の働きをしたことが認められた。後漢王は匈奴が触手を伸ばしている西域諸国を従えようとして、班超を使者に抜擢すると36人の部下を与えて使者として派遣した。西域諸国へ後漢に朝貢（ちょうこう）するようにとの親書を携えての旅だったが、西域諸国は常に離反を繰り返していて動向を読み難いものがあった。最初の訪問地である鄯善国（楼蘭）を訪問したとき、表面上は歓迎されたが不穏な空気を班超は感じ取っていた。実は時を同じくして北匈奴の使者も鄯善国を訪れていたのである。鄯善国の心は北匈奴に傾いていて、宴会を催しておいて酔い潰れたときに全員殺されるのではないか――。そう感じ取った班超は、逃げ腰になっている部下たちを説得して斬り込むことにした。

このとき、班超が説得に使った言葉が「虎穴に入らずんば虎子を得ず」である。あえて危険を冒さなければ望みのものを獲得できないという意味で、これを聞いて部下たちは勇気づけられたという。しかしこの言葉だけでは部下が動くはずはない。それまでの旅の間に部下たちは班超のことを信頼し、班超の統率下で一枚岩になっていたことが大きい。班超と部下たちは一丸となって、はるかに勢力の優る北匈奴の使者たちに斬り込み、宿舎を焼き払い全滅させた。この戦いの結果を見た鄯善国は後漢に恭順し、属国となっていく。

鄯善国を従えた後も、班超と36人の部下たちは西域諸国を回りつづけた。その後も数々の小国を屈服させていくが、それは使者というよりも、わずか36人の軍勢が攻め取るようなものだった。

## 部下への気遣いで信頼を得た

班超は3年足らずの期間に西域の南半分を従えて後漢の勢力圏に組み入れることに成功している。その間、36人の部下をひとりも失うことなく成し遂げたというから、その統率力と指揮能力の賜物（たまもの）であろう。班超は戦いのなかでも常に部下の生死に気を配ったとされている。実際に、75年に後漢王が崩御すると、跡を継いだ章帝（しょうてい）は西域を放棄しようとした。班超に対しても帰還命令を出してきたが、班超は「今自分が引きあげると、匈奴軍が乱入して漢に味方していた者たちを虐殺するであろう」と、王の命令にも従わずに5年間も西域に留まりつづけた。班超は味方に対する心配りの人でもあったのだ。

80年になって章帝は父王の遺志を継いで西域の経営を復活させようとした。班超の下にも軍勢を送ってきたので、班超は再び後漢の勢力圏を広げようと活動し始めた。まずは莎車（さしゃ）を攻撃するために軍を発したが、それには後漢の軍ばかりではなくそれまで班超に従っていた西域諸国も軍勢を出している。この戦いでも班超は勝利し、さらに西域最大の国であったクシャーナ朝までをも後漢への朝貢を認めさせてしまった。この班超の西域征伐は31年間にもおよび、ついに西域にあった50余国を後漢の属国にすることに成功している。

これだけの大成功を収めたのは、班超の統率力が後漢時代からの部下ばかりではなく、従えた西域諸国の兵たちにも浸透していたからに他ならない。36人の部下と出発した征旅から、班超は人心掌握術を学びつづけ、それを実践していたからこその成果だったといえるだろう。

**はん・ちょう**●32年、後漢生まれ。貧しい学者の家に生まれたが、後漢の匈奴征伐に従軍して兵士として抜群の働きをした。これが認められて西域諸国への使者となり、孤軍で暴れ回って西域諸国を切り従え、後漢の勢力圏を拡大し、102年に死去。

西晋の礎を築いた大将軍

# 司馬懿

## 優秀であるがゆえに権威という「盾」を必要とした

『三国志』の後半で蜀（しょく）の軍師・諸葛亮（しょかつりょう）（孔明・P204参照）と丁々発止の頭脳戦を繰り広げることになる、魏の武将である。

読み物『三国志演義』の五丈原（ごじょうげん）の戦いの逸話から「死せる孔明、生ける仲達（ちゅうたつ）を走らす」という故事成語が後世に伝わっており、あたかも物語上は諸葛亮のほうが圧倒的に優れた人物で勝利者であるかのような印象を持たれがちだ。しかし、司馬懿（しばい）にとって諸葛亮との戦いは彼の人生のなかのほんの一幕でしかなく、最終的に西晋（せいしん）を成立させる礎を築くという偉業を成し遂げた。西晋の帝となるのも司馬懿の孫であり、残したものの大きさは比較にならない。司馬懿は魏の支配者だった曹一族を焚きつけて統一国家を建国させ、それを後に簒奪して自分の国を建てたようなもの。魏呉蜀はいずれも短命に終わったが、晋は後の東晋を合わせて長く続いた。結局、三国志の究極の勝者は司馬懿だったともいえる。

司馬氏は楚漢戦争期の十八王のひとりである殷王・司馬卬の血筋で、司馬懿はそこから12代目とされる。いわば尚書などの高官を輩出してきた名家で、司馬懿も曹操に招聘されて後漢の司空府に職を得る以前は河内郡で上計掾という事務職にあった。聡明として名の知られた8人兄弟のなかでもとくに優秀だったとも伝わる。

司馬懿の人物像をひと言で表現するなら、「用心の人」だったのではないか。曹操に再起を見込まれて後漢の官職に就いたものの、その英才ぶりにかえって曹操の不興を買うこととなる。しかしそれを見越してか、曹操の子である曹丕から絶大な信頼を得ることで己の身を守っている。これが、司馬懿の護身術の根幹となった。

２２０年に曹操が、２２６年には魏の皇帝となっていた曹丕が崩御し、その子・曹叡が新たな皇帝となった。蜀の諸葛亮が北伐を開始したのはその2年後のことで、２３４年までに都合5回の北伐に対し司馬懿は軍を動かすことになる。このなかで

「泣いて馬謖を斬る」の由来となった街亭の戦いが起こった第1回北伐とならんで有名なのが、第5回北伐で起こった五丈原の戦いだ。

## 死者の扱いは不得手な司馬懿

蜀軍の動きに対応し、司馬懿は大軍を率いて出兵。五丈原を望む渭水の南に砦を築いて臨戦態勢を整えた。ところが皇帝である曹叡から「守備に徹し、敵の撤退時を突け」と命じられていたため、持久戦を展開する。これに傘下の諸将が不満を募らせたため、司馬懿は曹叡に出陣の許可を求める書状を送った。

しかしこれは、司馬懿一流の人心掌握術であった。「打って出る気概はあるものの、皇帝に命じられて動けない、すまんな」と諸将に示し、自らの器や権威以上の存在を盾にして我が身を守ると同時に軍の手綱を絞ったのだ。また、当の司馬懿自身も持久戦が上策と判断しており、積極的に動くつもりはなかったようである。

果たして、諸葛亮が五丈原の陣中で病没したことで、事態は動く。撤退やむなしとなった蜀軍だが、魏軍はこれを待ち構えている。それを見越していた諸葛亮は、撤退途中に反転して打って出る構えを見せ、諸葛亮が健在であるかのように見せかけよという策を残していた。それを忠実に実践した蜀軍に対し、なまじ知恵の働く司馬懿は翻弄(ほんろう)されることとなった。まだ諸葛亮が生きているなら、まだなにか奇策を企てている可能性がある。そう深読みした司馬懿は追撃を中止し、撤退を決意した。これが「死せる孔明、生ける仲達を走らす」だ。

後にことの真相が明らかになると、司馬懿は論語の一説を引用して「わたしは生者を相手にするのは得意だが、死者を相手にするのは苦手だ」と語ったという。人心を掌握し意のままに操ることには相当の自負を持ちつつ、自らの失態もときには認めて愚痴をこぼす。そんな人間味ある一面も持ち合わせていた。

**しば・い**●179年、河内郡生まれ。曹操に招聘されて後漢の官職に就き、曹丕の側近として頭角を現わす。魏の勢力拡大に精力を注ぐが、最後は曹氏との権力闘争を繰り広げた。251年没。司馬炎(しばえん)が魏より禅譲を受け西晋皇帝となると、高祖宣帝(こうそせんてい)と追号された。

戦闘を維持しつづけるためには後方支援が必要となる
# 戦闘力の維持

戦闘を行うと、当然のことながら兵員や武器などが消耗してしまう。しかも攻撃側が優勢な場合は進軍がつづき、補給を行う兵站線が長大化。より補給が困難になる。このように攻撃側が優勢であればあるほど優位性を保つための労力が、戦闘以上に重くのしかかってくる。

戦闘力を維持するためには当然、兵員や弾薬の補給が必要となる。しかしそれだけでは戦闘力を維持はできない。戦闘をつづけるには糧食や医薬品などをはじめ、兵士たちが寝起きする最低限の住環境の構築資材も必要となってくる。そのためにも供給路となる兵站線を常時確保しておくことが必要だ。兵站線を確保するには、敵の奇襲や天候の急変などにより補給路が寸断されることも念頭に置いておかなければならない。つまり後方支援とされる物資補給も、戦闘行為の一環となる。

自軍を勝利に導くためには戦闘力を高めるだけではなく、戦力転換点以前の段階で"攻勢終末点"を見極める必要が出てくる。この攻勢終末点は戦闘を維持できる限界点のことで、これ以上突出してしまうと兵站の欠如により戦闘行動が維持できなくなることをいう。指揮官は常にこの攻勢終末点を意識し、戦況のなかで見極めていかなければならない。そのためには、大局的戦略眼と冷静な情勢分析能力が必須となってくる。

# 情報力

戦場では諜報力を駆使して、敵のあらゆる情報を入手したい。より多くの情報が入手できれば敵の戦力分析や弱点、油断している時間帯を知ることができる。反対に自軍の情報漏洩には気をつけたい。また欺瞞情報を流して敵を欺くことは、勝利に向けた情報戦となる。

内政にも力を注いだ名君

# 北条氏康

## 情報力で10倍の敵勢を叩きのめす

画像：小田原城天守閣所蔵

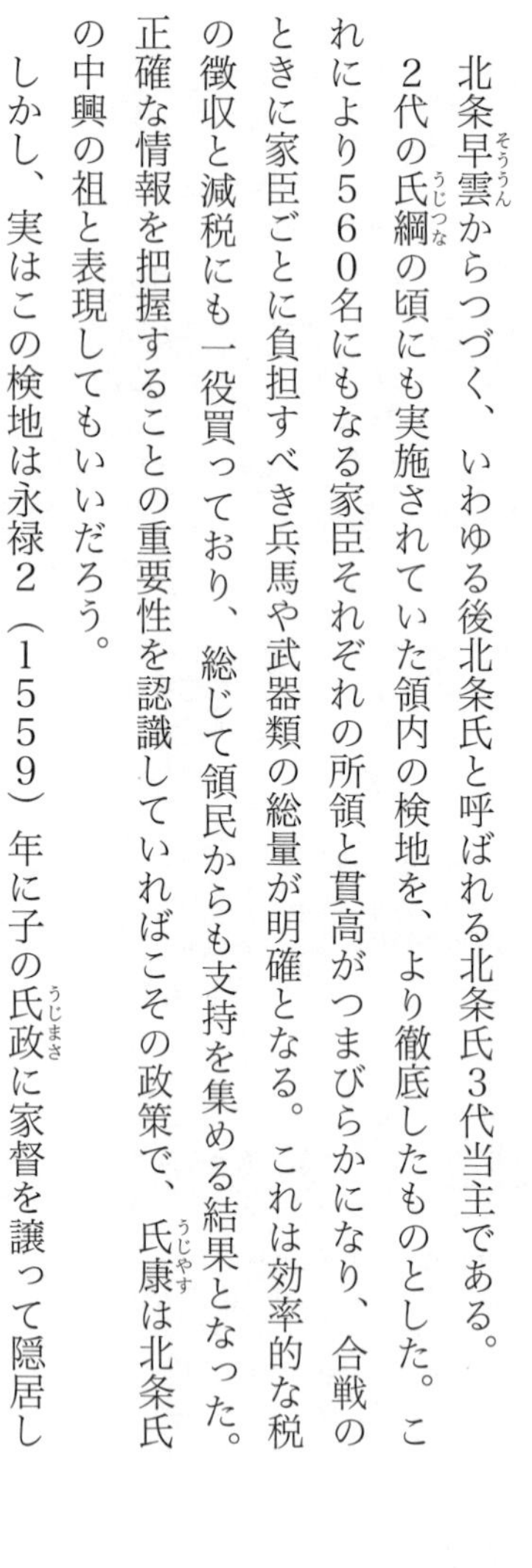

北条早雲（そううん）からつづく、いわゆる後北条氏と呼ばれる北条氏3代当主である。

2代の氏綱（うじつな）の頃にも実施されていた領内の検地を、より徹底したものとした。これにより560名にもなる家臣それぞれの所領と貫高がつまびらかになり、合戦のときに家臣ごとに負担すべき兵馬や武器類の総量が明確となる。これは効率的な税の徴収と減税にも一役買っており、総じて領民からも支持を集める結果となった。正確な情報を把握することの重要性を認識していればこその政策で、氏康（うじやす）は北条氏の中興の祖と表現してもいいだろう。

しかし、実はこの検地は永禄2（1559）年に子の氏政（うじまさ）に家督を譲って隠居してからの話で、氏康が当主だった時代の功績ではない。つまり、氏康は当主として小田原の治世を手がけるうちに情報の重要性に気づき、政の最前列から一歩引いたタイミングでようやく改革に着手したわけだ。

その気づきは、なんだったのか。この端緒を窺わせるのが、日本三大夜戦のひとつにも数えられる天文15（1546）年の河越夜戦だ。

この年、関東管領である山内上杉憲政と扇谷上杉朝定が駿河の今川義元と策動し、北条氏に対して挙兵した。

最初に動いたのは今川氏で、義元の軍勢が北条氏の先代である氏綱に奪われていた東駿河を奪還すべく、攻勢をかけてくる。この情報を掴んだ氏康は急ぎ東駿河にむかうが、むしろ戦上手の今川軍を相手に劣勢となり、逆にいくつかの支城を失うなどした。しかも、それを見計らうように山内・扇谷の両上杉氏が大軍を興し、義弟・北条綱成が守る河越城を包囲。さらに氏康の義兄弟である古河公方・足利晴氏も連合軍と密約を結んで河越城の包囲に加わったことで、その総勢は8万を数えた。

氏康は手遅れになる前にその情報に接することができたが、このままではいずれ二正面作戦を強いられ、劣勢に拍車がかかってしまう。そこで氏康はまず、眼前の今川氏との和睦を急いだ。東駿河の河東地域を義元に割譲することで話をまとめ、速やかに軍を転じた。

## 速報の獲得と欺瞞情報の活用

河越城では、綱成がわずか3000の兵で半年にわたって籠城をつづけ、そこにようやく氏康の本隊が到着。しかしこちらも兵は8000と、8万の敵兵力を前に劣勢は覆しようがない。

そこで氏康は一計を案じた。両上杉氏や足利氏に「これまでに奪った領土は返上する」などの詫び状を何通も書き送ったのだ。これは、北条軍の戦意の低さを相手に印象づけるためのもので、みごとに連合軍はその策に嵌(は)まってしまう。連合軍は河越城の包囲こそ解かなかったものの、警戒は次第に緩いものになった。

こうして1ヶ月ほどが過ぎた天文15(1546)年4月20日深夜、氏康はついに動く。自軍を4隊に分け、そのうちの3隊で敵陣に奇襲を敢行した。油断し切っていた連合軍側は算を乱し、扇谷上杉軍の上杉朝定が討死し、山内上杉方でも上杉憲政こそ戦場を脱出したが、重鎮の武将が退却戦で討死した。氏康は勢いに乗ってさらに敵陣深くに斬り込もうとしたが、物見として自陣に残した隊から危険を知らせる合図が届いたことで撤退。これと入れ替わるように、すでに作戦を承知していた河越城の北条綱成隊が打って出て、足利軍も蹴散らした。

敵への欺瞞（ぎまん）情報と、作戦の共有、さらに戦況の冷静な分析などが加わり、10倍の兵力の敵勢を完膚無きまでに叩きのめしたのである。こうした成功体験が、氏康を情報を適切に活用する名君へと育てたのだ。

**ほうじょう・うじやす**●永正12（1515）年、相模国（現・神奈川県）生まれ。第3代当主として武田氏、今川氏と甲相駿（こうそうすん）三国同盟を結び、内政では家督を子の氏政に譲ったのちに税制改革などに着手。実質的に30年以上にわたって後北条氏を率いた。元亀2（1571）年没。

三矢の訓を残した名君

# 毛利元就

## 敵を欺く謀略を多用した智将

画像：東京大学史料編纂所所蔵模写

「1本の矢はたやすく折れるが、3本の矢を折ることはできない」といういわゆる三矢の訓（おしえ）を子に残したことで知られるのが、中国地方の大大名となった毛利元就だ。

毛利家の分家の第2子として生まれた。父・弘元と兄・興元（おきもと）、その嫡男である幸松丸（こうまつまる）が相次いで他界したため、家督を継ぐこととなる。ところが、この家督相続の一件が主君として仰いでいた出雲守護代である尼子経久（あまごつねひさ）との関係を悪化させ、元就は周防（すおう）国の戦国大名である大内義興（よしおき）に恭順する。当時は安芸国の小規模な国人領主に過ぎなかったが、大内氏の傘下で次第に領地を拡大させ、さらに周辺の小領主たちとも積極的に関係を築き上げ、安芸国人の盟主的立場を確立させていった。

天文15（1546）年には隠居を表明し、嫡男の隆元に家督を譲った。しかし毛利家の支配権は依然として元就が握っている。翌年には妻・妙玖の実家である吉川家へ第2子の元春を養子として送り込み、さらに後継問題で揺れていた小早川家に第3子の隆景を養子として送り込み、後嗣にしている。これにより安芸、石見、備後、瀬戸内海に至る安芸一国の支配権をほぼ掌中にした。いわゆる〝毛利両川体制〟だ。

天文20（1551）年、義興の家督を継いだ大内義隆が家臣の陶晴賢の謀反で落命し、晴賢は後継者として義隆の養子である大内義長を擁立した。晴賢を支持した元就も、さらに支配地域を拡大させていく。しかし、その急進ぶりを危険視する晴賢との関係は急速に冷え込み、次第に対立が先鋭化していった。

## 欺瞞情報に躍らされた陶軍

正面から陶軍とぶつかることになれば、相手は3万に達するのに対し、毛利側はよくて5000しか動員能力がない。そこでまず、元就は情報戦を仕掛けた。晴賢の腹心で知略にも優れた江良房栄を調略して毛利方への内応を約束させ、そのうえで房栄の離反情報を晴賢側に流したのである。その結果、房栄は暗殺されることとなり、労せずして元就は陶軍きっての頭脳派を除くことに成功した。

さらに、「厳島を攻められたら困る」「厳島が弱点だ」などと偽情報を流す。これは、晴賢も毛利領内で諜報活動を行っていることを見越したもので、3万の大軍が厳島に押し寄せれば満足に身動きがとれなくなり、数千の兵でも奇襲をかければ充分に勝機があると踏んでのことだった。

この計略にも、晴賢は乗せられてしまう。弘治元(1555)年9月21日、陶軍はついに500隻の船で、およそ2万の兵力を厳島に上陸させた。島の守備のために整備されていた宮尾城には約500の毛利方の兵がおり、籠城の構えを見せる。

9月末日の夜半、元就、隆元、元春らの率いる毛利本隊、隆景を大将に宮尾城兵と合流する小早川隊、さらに毛利方に与した村上水軍という3軍からなる毛利軍が厳島を目指した。このうち毛利本隊と小早川隊が極秘に上陸を果たし、村上水軍は海上を押さえる。日の出とともに宮尾城を包囲する陶軍に奇襲攻撃を仕掛け、敵を混乱に陥らせた。目論見通り、狭い島内で過密な陣展開を強いられた陶軍は戦闘隊形の構築もままならず、総崩れとなった。さらに陶軍が乗りつけた船団は村上水軍によって焼き払われており、脱出の術もない。もはやこれまでと悟った晴賢は、自刃して果てたのだった。情報戦を制した元就の完全勝利だった。

元就は、敵を欺く謀略を多用する知将であり、それによって小さな勢力から戦国の大大名に成り上がった。その過程で和睦と敵対を繰り返しながら強大な敵を撃破していったが、それらの戦いはときに無茶ではあっても、決して無謀ではなかった。手堅い勝利を収めるために、情報を軽んじず徹底活用していたのである。

**もうり・もとなり**●明応6（1497）年3月、安芸国（現・広島県）生まれ。小領主から1代で毛利家を山陽から山陰にかけての10ヶ国を領有する戦国大名に。しかし「天下を競望せず」と語り、天下統一の覇者に名乗りは挙げなかった。元亀2（1571）年没。

第六天魔王と恐れられた

# 織田信長

## 情報の収集・分析・活用を重視した〝大うつけ〟

戦国時代を代表する三英傑のなかでもひときわ存在感を放つ織田信長。尾張の地方領主の子として生まれ、そこから天下統一の一歩手前まで駆け上がっていく様は、痛快というよりない。性格面では激高しやすい傾向や〝大うつけ〟とあだ名される奇行などが注目されることが多いが、その一方で経済通としても知られ、楽市楽座（らくいちらくざ）に代表される政策で領内を活性化させた。これが本格的な兵農分離を実現させ、勢力を拡大させる基盤となっていった。

しかしそんな信長の人生も、決して平坦な一本道ではない。家督相続をめぐっては弟・信勝と血肉の争いを繰り広げ、主家である尾張守護代織田大和家から敵対視された生じた抗争では、尾張守護の斯波義統が織田大和家の家臣に殺害されたことを契機に大義名分を得て劣勢を挽回、織田大和家を滅ぼして尾張統一を果たした。結果としてより多くを得ているが、戦国期の多くの小領主と同じく、その過程は綱渡りの連続だったのである。そんな信長を襲った最大の試練が、駿河の戦国武将・今川義元による尾張侵攻だった。

駿河、遠江を版図とし、さらに三河から尾張にかけての土地に食指を動かす義元に対し、信長は何度となく抵抗の姿勢を示して小規模の軍勢を払いのけてきた。

しかし永禄3（1560）年5月、今川勢が2万5000とも4万5000ともいわれる兵力で駿河より出陣。いよいよ義元が本気で尾張攻略に乗り出したと織田家中は色めき立った。このとき信長が動員できる兵力は多くて5000。籠城か正面対決かで織田家の軍儀は紛糾した。いずれにせよ、勝算はきわめて低い。

それでも信長は動じなかった。迫り来る今川軍に対して間者を放ち、その動向をつぶさに報告させた。

事態が大きく動いたのは5月19日の未明である。今川氏は調略していた大高城を尾張の前線基地として用いていたが、織田軍はこれを牽制するため周囲に丸根砦、鷲津砦というふたつの砦を築いていていた。その砦に、今川方の松平元康（後の徳川家康）と朝比奈泰朝が夜陰を突いて急襲してきたのだ。

## 絶え間ない情報収集で勝機

間者からその一報を受けた信長は、これをいよいよ義元が大高城に入る前の露払いと判断。それまで今川軍がどれだけ押し寄せようと動かなかったが、信長は幸若舞『敦盛』を舞った後、時間を惜しむかのようにわずか小姓衆5騎のみを連れて居城の清洲城を出発した。まずは熱田神宮で戦勝祈願を行い、つづいて今川氏のもうひとつの前線基地である鳴海城を囲む善照寺砦に入る。そこで追いついてきた家臣たちを糾合して約２０００の軍勢を整えつつ、次々と届く今川軍の動向の最新情報を吟味した。

その結果、義元に付き従う兵力が実質５０００程度であることがわかり、一気に勝機が見えてきた。正午前に出陣し、今川勢が休息中の桶狭間に急行。しかも襲撃の直前に大雨が降ったことで接近が悟られず、より奇襲効果を高めた。戦場は大将格の武士まで徒立ちになって刀槍を振るうほどの大混戦となる。最後は勢い衰えない織田軍が優勢となり、義元の首を討つことに成功した。

これは、優勢であるがゆえに油断が生じた今川軍と、劣勢ゆえに詳細な情報をフル活用した織田軍の違いがもたらした結果といえよう。義元が絶好のタイミングで隙を見せるとも限らず、それでも信長は無闇に武張らず冷静に勝機を待った。その結果が戦国の世にどれだけの影響を及ぼしたかを考えると、情報収集と分析、活用を軽んじなかった信長は、やはり時代の寵児(ちょうじ)たる資質を持っていたのだ。

**おだ・のぶなが**●天文3（1534）年、尾張国（現・愛知県）に生まれる。尾張守護代の織田大和守家を滅ぼして尾張を統一し、今川義元を討ち取ったことを契機に勢力を拡大。天下布武を掲げ天下統一にあと一歩まで迫るが、天正10（1582）年の本能寺の変で横死。

江戸幕府を立ち上げた天下人

# 徳川家康

## 調略戦の勝利が合戦の勝利につながる

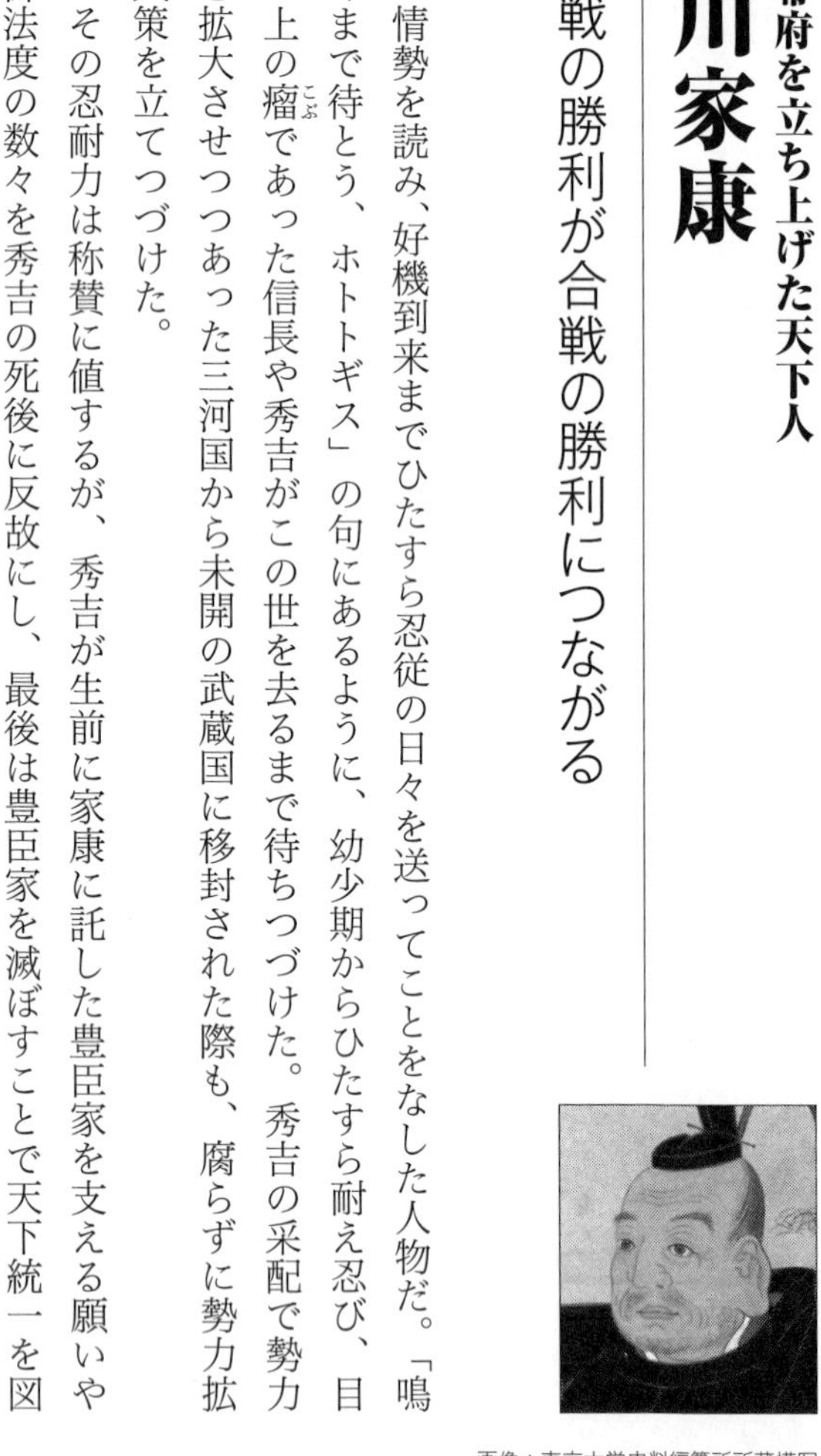

画像：東京大学史料編纂所所蔵模写

情勢を読み、好機到来までひたすら忍従の日々を送ってことをなした人物だ。「鳴くまで待とう、ホトトギス」の句にあるように、幼少期からひたすら耐え忍び、目の上の瘤（こぶ）であった信長や秀吉がこの世を去るまで待ちつづけた。秀吉の采配で勢力を拡大させつつあった三河国から未開の武蔵国に移封された際も、腐らずに勢力拡大策を立てつづけた。

その忍耐力は称賛に値するが、秀吉が生前に家康に託した豊臣家を支える願いや御法度の数々を秀吉の死後に反故にし、最後は豊臣家を滅ぼすことで天下統一を図るなど、ひとたび牙をむいたら剣呑（けんのん）な狸であった。とはいえ、２６４年もつづいた幕藩体制を構築するなど、為政者として有能であったことに疑いの余地はない。

　家康の政治手法をひと言で表現するなら、〝搦め手〟であろう。ときには武力を用いて紛争の解決に当たることもあるが、多くの場合は武力衝突とは別の手段で勝利を勝ち取っている。桶狭間の戦いで今川義元が討たれたどさくさに紛れて人質の身分だった今川氏から離れて浜松城を占拠・独立したのはその最たる例だ。

　また、人と人の関係を見るのも敏であった。石田三成との全面衝突を前に、家康は合議による合意を得ない大名家同士の婚姻を平然と繰り返し、影響力をより大きなものにしている。また、それを専横と指摘していた石田三成が福島正則や加藤清正らにより命を狙われる事件が起こると、家康が仲裁役を担って三成の命を救っている。こうしたなかで存在感を示すと同時に、いずれ分裂することが火を見るより明らかな豊臣恩顧の武将たちの性格や立ち位置といった情報を、詳細に把握していった。これが、関ヶ原の戦いを前にした調略戦で大きな意味を持っていくわけだ。

　慶長5（1600）年6月、上杉景勝謀反の疑義ありとして、家康は会津征伐に出陣した。このときすでに三成と家康の衝突は不可避の状況であり、景勝（および直江兼続）と三成は連携して家康を牽制している状況である。しかし家康も策士だ。事前に家康側（東軍）に与する諸大名から言質を取りつけ、さらに三成側（西軍）に与する公算の大きい諸将を何人も調略済みだった。家康が大坂を離れた隙に三成が挙兵するであろうことも織り込んでおり、待ちわびた三成挙兵の報を受け取ると同時に速やかに反転する態勢を整えた。

そして9月15日、両軍は関ヶ原で対峙する。

## 西軍の挙兵は織り込み済み

先に布陣したのは西軍8万で、周囲を山に囲まれた狭隘な平地の奥深くに本陣を置き、さらに三方の笹尾山、松尾山、南宮山にも兵を配して陣形を完成させていた。そこに東軍が10万の兵を寄せる。数の上では東軍が優勢だが、それを完全に包囲する陣形の西軍8万のほうが圧倒的に有利に戦いを進めることができる。三成は勝利を確信していたに違いない。

しかし戦いの火蓋が切られてみると、家康に調略されていた西軍諸将は軍を動かさなかった。とくに西軍の名目上の指揮官だった毛利輝元の毛利軍(輝元自身は関ヶ原に出てきていない)までが傍観を決め込み、さらに少数ながら勇猛さで知られる薩摩の島津軍も動かない。毛利家には事前に家康からさかんに調略が行われていた。

しかも、1万5000の兵を擁する小早川秀秋が、家康の調略で寝返ったことで、勝負はついた。両軍合わせて20万を超える規模の軍勢が衝突したにもかかわらず、わずか2時間ほどの戦闘で雌雄は決してしまった。

家康は、合戦で勝利を得るのではなく、実はそれ以前の政治の世界を舞台にして雌雄を決していた。そこには当然のようにさまざまな思惑が入り乱れている。それを情報として活用することができた家康が勝利者となったのは、必然だった。

**とくがわ・いえやす**●天文11（1542）年、三河国（現・愛知県）生まれ。今川氏から独立後に織田信長と同盟関係を築き、豊臣政権下では五大老のひとりとして手腕を発揮。慶長8（1603）年に征夷大将軍となり、江戸幕府を開府した。元和2（1616）年没。

「日本一の兵」と賛えられた男

# 真田信繁(幸村)

## 大坂城の弱点を一瞬で見抜く慧眼

明治時代に講談文庫本の主人公的存在で描かれ、真田十勇士を従えて宿敵の家康に果敢に挑む英雄・真田幸村というイメージが定着した。真田十勇士はフィクションだが、信繁(のぶしげ)(幸村)は実在の人物であり、家康をもっとも心胆寒(しんたんさむ)からしめた武将であることもたしかだ。薩摩藩初代藩主・島津忠恒(ただつね)は後に信繁のことを〝日本一(ひのもといち)の兵(つわもの)〟と褒め称え、黒田長政は大坂夏の陣図屏風を描かせた際に右隻(うせき)中央に真田軍の勇猛果敢な姿を配させている。江戸時代中期の文人である神沢杜口(かんざわとこう)は、自著の随筆集『翁草(おきなぐさ)』の中で、「史上、単独一位は真田、第二の功は毛利」と記した。

しかし、そこまで突出した評価を得ながら、歴史の表舞台で信繁の功績として伝えられるものは少ない。第一次および第二次上田城の戦いに加わっているものの、それは父・昌幸（P122参照）の手腕に注目が集まる。信繁の評価は、ひとえに慶長19～20（1614～15）年にかけての大坂の陣での奮戦によるものだ。

大坂の陣でも槍働きが注目されがちだが、とくに冬の陣では信繁の情報操作がひときわ輝きを放つ。

大坂城に合流するため家康に命じられて蟄居（ちっきょ）していた九度山（くどやま）から出る際は、近隣の住民らを招いて酒を振る舞い、泥酔させて眠り込んだところで武具をまとめて脱出を成功させている。しかも、酒宴に参加していない女性や子供、老人が密告に走らないよう、家臣たちが刀や槍で威嚇していたという。これらはすべて、信繁の脱出を見逃した住民らが罪を問われないようにするためのポーズだ。

また、信繁の提案で築かれた出城（でじろ）、通称〝真田丸〟も、情報操作の一環であった。一般に、真田丸は大坂城の守りでもっとも弱点となる場所を塞ぐように築かれたと伝わるが、実際の弱点は真田丸の西側にあったという。信繁はあえて異なる場所に出城を築くことで徳川軍の注意を自らに引き寄せ、真の弱点に注意が向かないようにしていたのだ。こうした知謀ぶりは、〝表裏比興(ひょうりひきょう)〟と評された父・昌幸に劣らないものである。

こうして冬の陣はなんとか乗り切ったものの、淀殿が結んだ講和内容につけ込まれて惣堀(そうぼり)が埋め立てられ、大坂城は丸裸。翌年の夏の陣ではもはや籠城策は使えず、信繁は積極的な正面攻撃をかけて家康を討つ一歩手前まで追い込むが、そこで力尽きた。無念の死ではあったが、その働きぶりは後世に語り継がれるものとなった。

## 徳川幕府に利用された信繁像

この信繁の伝承を、情報操作の一環として利用した者がいた。誰あらん、徳川幕府である。

通常、歴史上の敗者は勝者に都合よく来歴や功績を改竄され、貶められた形で伝えられる。しかし、大坂の陣における信繁の活躍ぶりは、軍記物や講談等を介して民衆に広く知られていった。それを徳川幕府はあえて禁じず、放置した。

これに関しては、信繁の豊臣家に対する忠義を武士道の見本として宣伝したとの見方もあるが、それだけでもあるまい。たとえば第二代将軍となった秀忠の関ヶ原への遅参や、夏の陣で家康の本陣が総崩れになった不甲斐なさなどの印象を薄めるには、真田親子が優れた知将という存在であるほうが都合はいい。そのため、あえて真田親子を英雄化する意味はある。もしそうだったとすれば、やはり264年も続くこととなった江戸幕府を構築した徳川氏の狡猾（こうかつ）さが滲み出る。若かりし頃から徳川氏とはほぼ敵対関係にあった信繁からしてみれば、自身の死後になって徳川氏を権威立てする口実に用いられることになろうとは、想像もしなかったに違いない。

**さなだ・のぶしげ**●永禄10（1567）年（諸説あり）、信濃国（現・長野県）生まれ。上杉家に人質として送られ、後に大坂に身を移されて豊臣秀吉に臣従する。関ヶ原の戦いで父・昌幸とともに西軍に与し、後に九度山に蟄居。大坂夏の陣で家康にあと一歩まで迫り力尽きた。元和元（1615）年没。

〝世界最強〟バルチック艦隊を撃破

# 東郷平八郎

## 日露戦争を終わらせた「東郷ターン」

日露戦争終盤の明治38（1905）年5月27～28日に行われた日本海海戦は、東郷平八郎司令長官の率いる日本の連合艦隊が、当時世界最強と謳われたロシア・バルチック艦隊をほとんど一方的に壊滅させた、世界の軍事史上でも稀な完勝として歴史に記憶されている大海戦である。

この頃、日本陸軍は同年3月10日の奉天会戦でロシア陸軍に勝利してはいたものの、予備兵力や砲弾の備蓄は尽きかけていた。ロシアは、バルト海を拠点としていた自国のバルチック艦隊を極東に派遣し、この増強された海軍力で戦局の一気挽回を狙っていた。日本側としてはそうさせないため、極東海域に現れたバルチック艦隊を迅速に捕捉、撃滅する必要があり、そうして起こったものが日本海海戦だったのである。

東郷の下で作戦を練っていた第一艦隊参謀・秋山真之は、バルチック艦隊を迎撃するための「七段構えの戦法」というものを立案していた。大小の艦艇を使い分けながら、夜となく昼となく断続的な攻勢をかけつづけるというもので、つまりバルチック艦隊を徹底して殲滅するための構えだった。そのためには敵の情報を掴んでおく必要がある。日本は、バルチック艦隊が極東へ向け出港したときから、日英同盟を結ぶイギリスや、外地の日本人駐在員を通じてバルチック艦隊の情報を入手していた。しかし、肝心の日本近海でその動きを見失ってしまう。

しかもウラジオストク入港を目指すバルチック艦隊は、宗谷海峡、津軽海峡、対馬海峡（当時は朝鮮海峡）のいずれを通るか分からない。だが東郷は、これまでに入手した情報から「対馬海峡を通る」と予想していたという。なぜなら、大西洋から喜望峰を回り長駆移動してやってくるバルチック艦隊は、さらに大回りになる宗谷海峡や津軽海峡は通らず、最短距離のルートを選ぶと確信したからだった。

## 敵前大回頭

5月27日の朝、対馬沖でバルチック艦隊を発見したとの報を受け取った連合艦隊は、「敵艦隊見ユトノ警報ニ接シ連合艦隊ハ直チニ出動、コレヲ撃滅セントス。本日天気晴朗ナレドモ浪髙シ」と大本営に打電して出撃する。同日昼、連合艦隊はバルチック艦隊と遭遇。東郷は将兵らに「皇国ノ興廃、コノ一戦ニ在リ。各員一層奮励努力セヨ」との信号旗（Z旗）を示して戦闘に突入した。

午後2時5分、東郷はバルチック艦隊を目の前にした状態で、連合艦隊全体に取り舵一杯、つまり左方向への回頭を命じる。バルチック艦隊の行く手をさえぎるような形で進路変更したのであり、当初の方向転換中に、連合艦隊旗艦・三笠がロシアからの集中砲撃を受けることとはなったが、次第に連合艦隊がバルチック艦隊の進路をふさぎながら効果的に砲撃を浴びせ、30分ほどの間で、バルチック艦隊の各艦は戦闘能力を失い、組織的な艦隊運用が困難となっていった。

軍事史的には、この東郷の敵前大回頭・東郷ターンからの数十分で、日本海海戦の大勢は決したといわれている。その後、秋山の七段構えはその一部の実行だけでバルチック艦隊はさんざんに打ちのめされ、事実上壊滅した。

　ロシアはこの日本海海戦の結果を見て、これ以上、日露戦争をつづけることはできないと判断。日本との講和交渉に入る。9月5日、日露両国はポーツマス条約に調印し、日露戦争は終わった。東郷の情報力と作戦力が、勝利を決したともいえる戦いだった。

　元薩摩藩士だった東郷は、薩英戦争や戊辰戦争を戦ってきた歴戦の勇士である。また東郷は無口で実直な人柄であったという。日露戦争後は救国の英雄としてほとんど神格化されるに至り、本人は強く拒否していたというが、1934年に死去した後、東郷神社が建立されている。

**とうごう・へいはちろう**●1847年、薩摩国（現・鹿児島県）生まれ。幕末の薩英戦争や戊辰戦争に参加。明治維新後、イギリスに留学して海軍軍人としての技能、知識を学ぶ。日清戦争、日露戦争に従軍。とくに日本海海戦の功で晩年は神格化される。1934年没。

開戦時の連合艦隊司令長官

# 山本五十六

## 真珠湾奇襲を成功させた徹底した情報収集

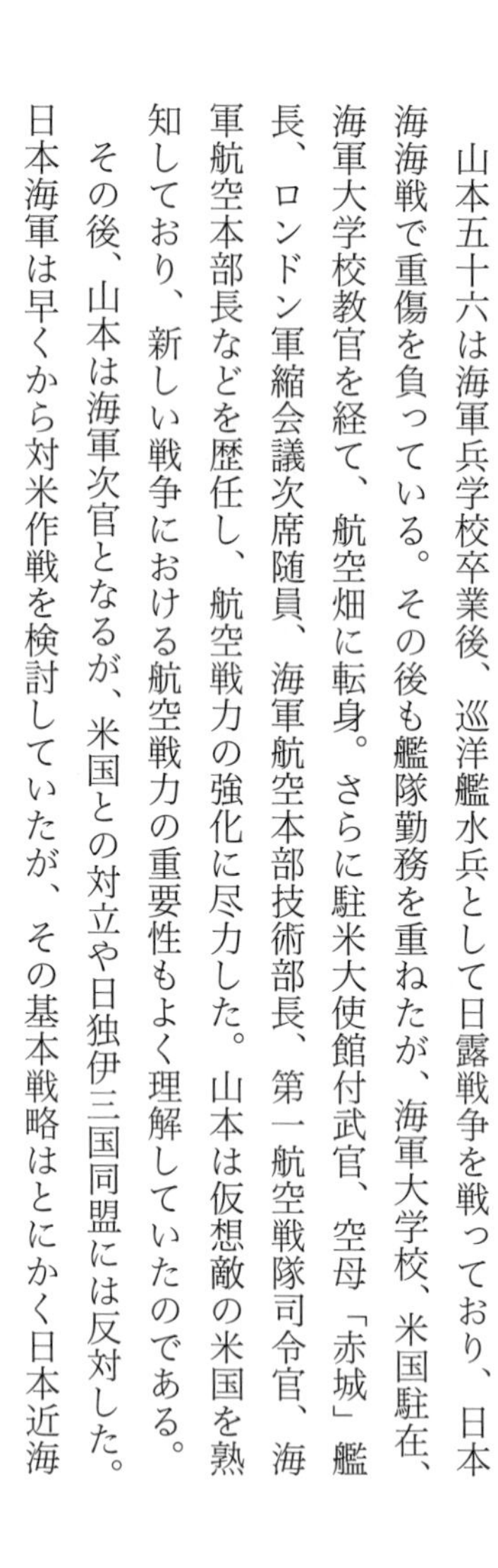

山本五十六は海軍兵学校卒業後、巡洋艦水兵として日露戦争を戦っており、日本海海戦で重傷を負っている。その後も艦隊勤務を重ねたが、海軍大学校、米国駐在、海軍大学校教官を経て、航空畑に転身。さらに駐米大使館付武官、空母「赤城」艦長、ロンドン軍縮会議次席随員、海軍航空本部技術部長、第一航空戦隊司令官、海軍航空本部長などを歴任し、航空戦力の強化に尽力した。山本は仮想敵の米国を熟知しており、新しい戦争における航空戦力の重要性もよく理解していたのである。

その後、山本は海軍次官となるが、米国との対立や日独伊三国同盟には反対した。日本海軍は早くから対米作戦を検討していたが、その基本戦略はとにかく日本近海で防備を固め、遠征してくるアメリカ海軍を撃退しつづけるというもの。日本海軍首脳部の大半は、この構想を信じつづけていた。しかし、山本は違った。日本とアメリカでは、工業力でも経済力でも、その国力に大きな差がある。アメリカを撃退しつづけているうちに、日本はジリ貧になって敗北に追い込まれるだろうというのが山本の意見だった。

昭和14年（1939）、山本は連合艦隊司令長官に就任。その後、米国との関係がどんどん悪化し、ついには日本も対米戦に打って出ることになった。対米開戦時にあたり、山本が構想した戦略とは、開戦直後にアメリカ海軍の一大拠点、ハワイ真珠湾に奇襲攻撃を仕掛け、その後も積極攻勢を続けて早期の講和に持ち込むというものだった。

山本はまた、これからの海戦は戦艦が大砲を撃ち合う形から、空母を活用した航空兵力を主体としたものになるだろうと考えていた。そこで、真珠湾攻撃も空母機動部隊をもって行おうとした。

## 史上最大の作戦

しかし作戦を成功させるためには〝大艦隊を率いてハワイまで秘密裏に移動する〟ことが必要だった。そこで山本は情報を集めさせる。真珠湾の状況を調査するため、スパイを「一等書記官　森村正」としてホノルル日本領事館に勤務させた。また、調査員をアメリカ行き商船に乗せ、ハワイまでのアメリカ軍の警戒態勢や気象条件などを調べさせてもいる。さらに、過去10年間に太平洋を渡った船舶をすべて調査させ、これにより12月に北緯40度を越える厳寒の航路を行く船は皆無だと分かった。そこで北方航路を進ませることとなり、択捉島の単冠湾に連合艦隊を集結させることにした。これらの入手した情報が功を奏し、アメリカ軍に発見されずハワイへたどり着くことができたのである。

昭和16（1941）年12月8日の真珠湾攻撃の結果は周知のとおりだ。日本の連合艦隊はアメリカ海軍の戦艦4隻を撃沈するなどの大戦果を上げた。しかし、山本が危惧したとおり、日本とアメリカの国力の差は圧倒的だった。アメリカ軍は次第に体勢を立て直し、新造した軍艦や航空機を次々と戦場に投入する。山本はさらなる積極攻勢を考え、太平洋のアメリカ軍拠点、ミッドウェーを叩く作戦を決行。しかし42年6月に行われたその戦いは、日本側が虎の子の空母4隻を失うなどの大損害を出して敗北する。

以後、日本海軍はアメリカ軍に対して後れを取るようになり、山本も昭和18（1943）年4月18日、南方の前線視察中に乗っていた飛行機を米機に撃墜されて戦死した。

**やまもと・いそろく**●1884年、新潟県生まれ。海軍兵学校卒、海軍大学校卒。旧長岡藩士・高野家に生まれ、1915年に同藩の家老だった山本家を継ぐ。海軍航空本部長、海軍次官、連合艦隊司令長官などを歴任。対米戦には反対だった。43年に戦死、死後元帥。

湾岸戦争〝砂漠の嵐作戦〟の責任者

# ノーマン・シュワルツコフ

## 多国籍軍の勝利を印象づけた「生中継」という演出

１９９０年8月2日、独裁者サダム・フセインが君臨する中東のイラクは、突如隣国のクウェートに侵攻。同日中に制圧し、「クウェート政権は打倒された」との宣言を発した。

背景にあったのは、１９８０〜88年まで行われていた、イラン・イラク戦争である。79年にシーア派イスラム革命を起こしたイランは、イラクなどのスンニ派諸国や欧米にとって、きわめて警戒すべき存在となっていた。イラクはそうした状況を背景に、欧米やアラブ諸国の支援も受ける形でイランと開戦。しかし、全体的にはイラン優勢のまま、膠着（こうちゃく）状態となって停戦するに至る。これによってイラクの財政は大きく傾く。フセインは自国から湧く石油の輸出でこの難局を乗り切ろうとするが、クウェートが石油の大増産をつづけていた影響から、当時石油の相場は下落傾向にあり、イラクはクウェートに大きな不満を募らせていた。

さまざまな国がイラクとクウェートの仲介に乗り出すがうまくいかず、ついにフセインはクウェートに侵攻する。しかし、当然これを国際社会が許すはずもなく、国連はイラクに対し即時撤退を求め、また経済制裁を課すことも決議した。これに対してイラクはますます硬化し、国内に残っていた外国人を拘束し、〝人間の盾〟として人質にする暴挙に出る。アメリカはこの事態を解決するため、諸外国に「有志を募る」と呼びかけ、約30カ国が集まった多国籍軍が編成された。

1991年1月17日、度重なる国連からの撤退勧告を無視し続けてきたイラクに、ついに多国籍軍が攻撃を加える。アメリカ軍がトマホーク巡航ミサイルなどを活用し、イラク領内を直接攻撃し始めたのだ。砂漠の嵐作戦の開始である。

## ニンテンドー・ウォー

この段階での多国籍軍の攻撃は、ミサイル攻撃や空爆を主体とするもので、いわゆる地上部隊は投入されていない。偵察衛星や偵察機、大型レーダーを搭載した早期警戒管制機などを用いて敵軍の情報を入手。そこに大規模な空爆を加えた。精密な誘導によって、ミサイルの命中率は90％にもおよんだ。また、その状況をアメリカのテレビ局、CNNが実況生中継。さらにアメリカ軍はミサイルが命中する状況の画像を公開するなどし、全世界の家庭のテレビに生々しい攻撃映像が映し出されることとなる。これを見た多くの人々は「まるでテレビゲームのようだ」といった感想を漏らし、「ニンテンドー・ウォー」などといった言葉が生まれるほどだった。

この砂漠の嵐作戦の責任者が、当時アメリカ中央軍の司令官だったノーマン・シュワルツコフである。シュワルツコフ本人が戦況に関する記者会見を行い、記者会見でかなり率直なやり取りをジャーナリストらと行うなどして、一躍有名になった。

こうした広報活動を含む情報戦でも、アメリカを中心とする多国籍軍は優位に立っていく。

フセインは砂漠の嵐作戦の直後から、イスラエルへ向けてスカッドミサイルを発射し始めた。これに対してアメリカはパトリオット迎撃ミサイルで応じるなどしていたが、ついに2月24日、多国籍軍の地上部隊が砂漠の剣（つるぎ）作戦を発動させ、イラクに直接侵攻する。砂漠の嵐作戦でイラクの戦力はすでにガタガタになっており、地上戦は４日間のうちに、多国籍軍の完勝で終わった。

３月３日、フセインは停戦協定を受け入れ、この湾岸戦争は集結した。ただし、フセイン政権が打倒されることはなく、２００３年までその体制はつづいた。

**Norman Schwarzkopf**●１９３４年、アメリカ合衆国ニュージャージー州生まれ。ウェストポイント陸軍士官学校卒、南カリフォルニア大学で修士号修得。ベトナム戦争、グラナダ侵攻に従軍。湾岸戦争では砂漠の嵐作戦を指揮した。最終階級は大将。２０１２年死去。

三国時代を代表する名軍師

# 諸葛亮

## 森羅万象すら味方につける情報力

いわずと知れた、蜀の名軍師である。字の孔明のほうがさらに有名だろうか。荊州で司馬徽の門下生となって学問を修めた。同門の徐庶が後に劉備に仕えた際に諸葛亮を推薦したことで、晴耕雨読の生活を送るなか、19歳にして劉備から三顧の礼をもって迎えられている。その博識ぶりと洞察力は群を抜き、師・司馬徽の兄である龐徳公をして〝臥龍〟と言わしめた。さらに、半ば隠遁生活を送っていたにもかかわらず世情に通じており、劉備に対しいわゆる「天下三分の計」を披露。曹操や孫権と早くから衝突することを避け、まずは荊州、益州を領有して地盤を固め、その後に天下を争うべきだと勧めている。

劉備に仕えると早くから軍師としての才能を発揮したが、若き新参者がいきなり幅を利かせることで劉備の義兄弟である関羽や張飛の反感を買ったこともあった。しかし、卓越した戦術を示して劉備軍を勝利に導いたことで実力を認められ、名実ともに劉備の軍師として手腕を振るっていくことにつながった。

いわゆる天才とされる人物は人の機微を察することに疎い傾向がまま見られるが、諸葛亮にもそうした傾向があった。劉備たちが身を寄せていた荊州の刺史・劉表が没すると、これを機に荊州を支配すれば曹操に対抗しうると劉備に進言した。しかし劉備は恩義ある劉表の一族に弓は引けないとして難色を示した。これは論理で動く諸葛亮と情で動く劉備の性格が如実に表れた逸話である。結果的に劉表の子・劉琮に委ねられた荊州は押し迫る曹操軍に降伏し、劉備たちは荊州から逃れて夏口まで逃れることとなる。これが呉の孫権と接触するきっかけになった。

劉備らは夏口を目指す過程で孫権の使者である魯粛の来訪を受け、これを機に呉と接近する。さらに夏口では、劉琮の兄である劉琦が率いる軍勢も合流した。

南下を進める曹操軍20万に対し、孫権の家臣の多くは降伏を主張していた。しかしこれに魯粛だけが徹底抗戦を主張し、さらに魯粛が地方から呼び戻した周瑜もこれに同意した。ここで劉備から使者として送られた諸葛亮が、「曹操軍は寄せ集めで結束が甘く、不慣れな土地で風土病に苦しむのは明らか。さらに水軍も実際の水上戦闘経験がないため、孫権軍3万、劉備軍2万、劉琦軍1万で合同すれば勝機がある」と説いた。これで戦意をたぎらせた孫権は劉備たちとの同盟を決意。精強をもって鳴る周瑜麾下の水軍も動員されることとなった。こうして、208年10月、両軍は長江の赤壁の沿岸で対峙した。

## 曹操軍の弱点を見抜いた諸葛亮

諸葛亮が孫権に策を授けた。練度の低い曹操麾下の水軍では兵の船酔いが続出していたため、揺れを抑えるという口実で船同士を結ばせれば、そこに火計を仕掛けることで一気に殲滅できる。風土病に苦しむ曹操軍は瓦解すると断言した。これを実現するため、荊州水軍の将である黄蓋に芝居を打たせ、曹操軍に投降させた。

しかしここにひとつ、大きな難題が立ちはだかった。

『三国志演義』での描写となるが、例年10月ごろ、付近一帯は北西の風が吹く。沿岸の曹操の水軍に火をかけるには逆風だ。そこで諸葛亮は全軍を前に祭壇の上で祈祷を行い、南東の風を吹かせてみせた。

実はこの地域は、数日だけ風向きが変わる。それを諸葛亮は承知していたのである。しかしあたかも祈祷で風向きが変わったかのように兵たちの目には映り、これに劉備・孫権連合軍は沸き立ち、火計を成功させて赤壁の戦いを大勝に導いた。

世情から自然現象に至るまであらゆる情報を盛り込んだ諸葛亮が演出した、奇跡的な勝利であった。

**しょかつ・りょう**●181年、徐州生まれ。三顧の礼で劉備に迎えられ、軍師として類い稀な才覚を発揮した。劉備の死後は劉禅が蜀の帝位に就いたが、その後見として諸葛亮が政治の全権を担った。234年、5回目の北伐の陣中で病没。

勝利を掴むために許容できる危険の範囲を知る

# 危険を予測する

戦闘では、兵士の死傷や武器などの損傷は避けられない。いくら敵と戦力差があったとしても、無傷で戦闘を終えることは不可能である。だからこそ部隊を戦場に進軍させる前には、必ず危険見積を行わなければならない。

そのためにはまず敵軍の総数や陣ならびに展開範囲、武器の保有数、さらに作戦行動範囲の地形や天候などのあらゆる情報を収集する必要があるのだ。事前に入手した情報から、戦略目標達成に影響を与えそうな危険要因を分析。そこから想定されうるリスクを洗い出せば対策を取ることができ、自軍を危機的な状況に陥らせることが減らせる。ただこのとき敵の戦力評価は冷静に行わなければならない。自軍の勝利を望むあまり、敵を過小評価するのは愚の骨頂である。

ただし敵の過大評価もいけない。危険予測においてもっとも大切なのは“許容できる危険”と“許容できない危険”を分けること。戦闘において人命軽視は論外だが、戦略目標を達成するためには多少の損失は致し方ない。このとき実際に損失を出す可能性と、それによって得られるものとのバランスを考慮し、行動を起こすか否かを決断することが必要だ。被害を恐れるあまり、危険見積の度がすぎると作戦行動そのものが成立しない。そのためにも、適正な危険予測が重要となる。

# 失敗

「油断大敵」の言葉通り、油断こそが戦場では最大の敵である。指揮官は自軍の都合のいいように敵の戦闘力を判断してはいけない。敵と自軍の戦力を冷静に分析することが戦場では重要で、指揮官の招いた一瞬の油断は、自軍を破滅させる引き金となる。

## 遅咲きの軍略家

# 山本勘助

## 天才軍師が見誤った敵将の戦術眼

山本勘助は20代から諸国を放浪して独自の兵法を磨き、40歳を超えてから武田家に仕えた遅咲きの武将だ。その後、武田二十四将のひとりにまで重用され、武田信玄の北信濃攻略では軍師的な立場で献策をして海津城の築城などで実績を挙げた。

信玄の北信濃攻略は天文15（1546）年頃に始まった。砥石城を拠点とする村上義清に苦戦したが、勘助の献策によって義清を越後に敗走させることに成功。ところが、義清に泣きつかれた上杉謙信が立ちふさがることによって、龍虎相搏つ戦いが繰り広げられていく。両者は川中島で3度対峙したが、両軍ともに勝機を見いだせず膠着状態がつづき軍を引くことを繰り返した。

だが永禄４（１５６１）年の第四次川中島合戦では、両軍ともに決着をつけるという決意に燃えていた。謙信はこれまでにない1万８０００の大軍で信濃に入った。そして５０００の兵を善光寺に残し、自らは1万３０００で川中島を南から見下ろす妻女山に布陣した。『甲陽軍鑑』によると、信玄もまた2万の大軍を催し川中島北方の茶臼山に布陣したが、互いに相手の隙を見いだせず対峙は長引く。そこで信玄は全軍を川中島南方にある海津城に入れるが、それでも戦機は熟さない。

勘助はこのままでは再び決戦は起こらないまま冬を迎えて、両軍が引きあげることになりかねないと考えた。そこで「キツツキ戦法」を信玄に献策。これは軍勢をふたつに分け、高坂昌信（春日虎綱）の指揮する1万２０００を夜陰に紛れて奇襲させる。信玄は残りの８０００を率いて川中島の八幡原に布陣。奇襲を受けて混乱する上杉軍が八幡原に出てきたところを、伏兵と化した信玄の本隊と追撃してきた高坂昌信の部隊で挟撃するのが作戦の骨子だった。この「キツツキ戦法」は勘助の立案とされているが、信玄に命じられ馬場信春とふたりで考案したという説もある。

「キツツキ戦法」は合理的であり、勝利を導く可能性の高い作戦ではあった。しかし勘助が見逃していたことがあった。それは謙信の力量だ。謙信は軍神とさえ謳われた名将だった。その戦いはとっさの判断力で味方を勝利に導く天才的な戦術眼であった。『甲陽軍鑑』では、その日の夕刻に海津城を見ていた謙信は、いつも以上に炊飯の煙の多いことに気づいた。そのことで武田軍が奇襲を目論んでいることを察し、深夜のうちに全軍を八幡原に移動させている。その行軍は馬のいななきさえも防止して鞭声粛々と行なわれたという。

## 壊滅寸前まで追い込まれた

高坂昌信の部隊は作戦通り妻女山を奇襲したが、敵陣はもぬけの殻になっていた。夜が明けてあたりに立ち込めていた霧が晴れると、なんと信玄の本隊の前には上杉軍が攻撃態勢を整えて布陣している。慌てて戦闘隊形を取る前に、上杉軍は突撃してきた。信玄の本隊は大混乱となり、本陣まで攻め込まれる事態に陥る。このとき、伝説とされる謙信と信玄の一騎打ちが起こった。

武田軍は上杉軍の猛攻に壊滅の寸前まで追い込まれたが、妻女山を奇襲した高坂軍がようやく戦場に到着。それを見て取った謙信は即座に撤退を決意すると、5000の兵が待機している善光寺方面に撤退し、武田軍もそれを追撃することはできなかった。

この「キツツキ戦法」は、『甲陽軍鑑』以外の資料では記述されてはいないため、実際にあったかどうかは議論のあるところではある。しかし「キツツキ戦法」が行われたと仮定すれば、武田軍が劣勢に立たされたのは軍師・勘助が敵将の能力を見誤ったためである。その結果、戦いはどうにか痛み分けに終わったが、小さな油断から危うく武田軍は敗北するところだった。だが信玄の弟・武田信繁(のぶしげ)や重臣の諸角虎定などが戦死。作戦を立案した勘助自身もこの一戦で命を落としている。

**やまもと・かんすけ**●明応2（1493）年、三河国（現・愛知県）生まれと推定。浪人時代に武者修行をして兵法家となり後に武田信玄に仕えた。足軽大将から頭角を現し軍師的な存在にのしあがる。永禄4（1561）年に第四次川中島の戦いで戦死。

豊臣政権存続にかけた好漢

# 石田三成

## 決戦前の「水面下工作」で家康に敗れていた

画像：東京大学史料編纂所所蔵模写

石田三成は豊臣政権の大名で五奉行の筆頭格だった。秀吉の死後に徳川家康と戦い政権を存続させようとしたが関ヶ原の戦いで敗北してしまう。

豊臣政権の末期、石田三成は遺児・豊臣秀頼を守ろうとしてさまざまな政策の厳守を諸大名に課そうとした。しかし、すでに秀吉は亡く、豊臣家臣団のなかには秀頼の実母で大坂城を支配する茶々（淀殿）に反発する勢力も少なくなかった。他方、五大老の筆頭である家康の権勢はますます強まり、やがて政権奪取の野望を露わにし始める。三成と家康による天下分け目の戦いとなった関ヶ原の戦いは、歴史の必然だったといえよう。

家康は、秀吉の死後2年目となる慶長5（1600）年に、自身の天下取りの障壁となるであろう会津の上杉景勝の征伐のための軍令を発する。政権内部でも三成と対立していた福島正則などの武断派大名は、家康に従って関東へと出征していく。その隙を捉えた三成は毛利氏に仕える外交僧・安国寺恵瓊（あんこくじえけい）、友人でもある大谷吉継（よしつぐ）などと共謀して家康の野心を砕くために決起する。三成としては、全国に数多くいる豊臣恩顧（おんこ）の大名は、味方してくれるものと信じきっていた。遺児を守ることは正義であり、諸大名たちは家康に騙されているだけで正義のためなら家康討伐に参加してくれるものと思い込んでいたが、しかし正義感よりもお家の存続のほうを優先する者がいることは全く読めていなかったのだ。

それでも、西軍には全国を二分するほどの大勢力が集結。三成は自分が首謀者であるにもかかわらず、総大将を毛利輝元に譲った。これは普段、人望のない三成を危惧した吉継の進言によるものだったようだ。こうして輝元が総大将になったことで、一度は西軍有利に傾いたように思えた。

しかし三成と家康が決定的に違っていたのは、水面下での工作能力だった。家康はおびただしい数の手紙を書き、諸大名たちに揺さぶりをかけた。そして、西軍に対する決意の揺らぎの見える大名たちに、内通の誘いをかけていた。

## 諸大名の動向を読み誤った

関ヶ原の戦いの本戦でも三成は、情報力の不足から大きな錯誤を犯すことになる。最初は美濃の大垣城に籠っていたのだが、東軍に移動する気配が見えると決戦場を関ヶ原に求めて軍を移動させようとした。このとき、自分が総大将であるかのように振る舞ってしまう。そのことが島津義弘などの反感を買った。

三成が関ヶ原に東軍を引き入れようとしたのは、西軍の大勢力である毛利軍（現地指揮官は毛利秀元）と小早川秀秋がすでに関ヶ原を包囲する位置に陣を敷いていたからだ。しかし、毛利軍に対して家康は吉川広家らを通じて戦いに参加させない約束を取りつけていた。小早川秀秋に対しても黒田長政を通じて裏切りの約束を取りつけていた。そのことに三成は全く気づかなかったのだ。

午前中の戦いは西軍が圧倒していた。しかし、東軍を挟撃する位置にいた毛利軍や、西軍の最右翼に布陣していた小早川軍、三成隊の近くにいた島津軍などは戦いに参加しようとしない。午後になり松尾山に布陣していた小早川軍が突如裏切る。それに触発されたかのように西軍の右翼にいた脇坂安治などの四大名までが裏切った。それまで右翼を支えていた大谷軍が壊滅すると、西軍は総崩れになっていく。

結局、三成は捕らえられ京の六条河原で斬首された。三成の失敗は情報収集力不足もあるが、人望のなさが敗北の最大の要因であろう。ちなみに関ヶ原で三成を裏切った毛利家は、家康に領地安堵を約束されていたが、実際には大幅に減封され、周防・長門のみの一大名に成り下がった。結局、三成より家康のほうが一枚も二枚も上手だったということだろう。

**いしだ・みつなり●**永禄3（1560）年、近江国（現・滋賀県）生まれ。豊臣秀吉に見いだされて小姓からのし上がりやがて豊臣政権の五奉行となる。秀吉の死後は政権の安定に奔走したが、徳川家康と対立し慶長（1600）5年に関ヶ原の戦いに敗れて刑死する。

〝ラスト・サムライ〟の志

# 西郷隆盛

## 個々の戦闘力は高いが集団戦術の前に敗北

大久保利通（としみち）、木戸孝允（きどたかよし）、そして西郷隆盛を指して俗に「維新の三傑」と呼ぶ。明治維新とは、実にさまざまな志士たちの活躍の末に成し遂げられたものだった。しかし、なかでもこの3人の貢献は絶大であり、彼らなくして日本の新時代は訪れなかったといっても過言ではないだろう。とくに西郷は日本陸軍で最初に大将の位に就いた男であり、つまり明治新政府軍の要だった。

西郷は度量が大きかったこと、目下の人間にも親切で丁寧だったことなどから、多くの人に慕われていた。しかし一方、そうした性格から、明治新政府の政争の中で器用に立ち回ることを潔（いさぎよ）しとしなかった部分があり、明治6（1873）年以降、政府の役職を辞し、故郷の鹿児島で生活していた。

ちょうどその頃、明治政府を取り巻く空気は不穏なものとなっていた。「維新の三傑」がそうであったように、明治維新を成し遂げた志士の多くは武士階級だったが、明治政府は藩を解体し、廃刀令（帯刀を禁じる法令）を出し、一般民衆を徴兵して構成する軍を立ち上げるなど、武士の特権を廃止する方向性を明確に打ち出していた。旧武士階層（士族）はこれに怒り、佐賀の乱（1874年）や神風連の乱（76年）、秋月の乱（同）などの反乱事件を次々に起こしていく。それらのすべては新政府軍によって速やかに鎮圧されていたが、そうした時代的空気の中で、西郷は不平士族たちの最後の星になっていた。西郷が決起してくれれば再び時代は大きく転換するはずであると、多くの期待がこの鹿児島の隠遁者に向けられていたのである。

西郷は鹿児島で、「私学校」という青少年の育成機関を運営していた。同校の幹部や生徒には不平士族が多く、彼らに推される形で明治10（1877）年2月、ついに西郷は私学校関係者ら約2万4000を率い、東京を目指して北上を開始する。

西南戦争の勃発である。

## 武士と徴兵軍の戦い

西郷軍の当初の基本戦略は、当時の日本陸軍の九州における中核拠点であった熊本城（熊本鎮台）を一気に陥落させてその勢いを天下に示し、日本中の不平士族を蜂起させ、西郷軍に協力させることであった。しかし、1万4000の西郷軍は4000の兵が守る熊本鎮台からの頑強な抵抗にあい、戦線は膠着。熊本城を包囲したまま福岡方面へ進撃するも、要衝・田原坂で政府軍の反撃にあい、西郷軍はそれ以上の北上ができなくなる。そうこうしているうちに、政府軍は海軍力を使って西郷軍の背後に兵を上陸させるなど、事態は日に日に悪化していった。

西郷軍の多くは旧士族で構成されており個々の戦闘能力は高く、士気も旺盛だったが、装備していた兵器は旧式で、とくに海軍力はほぼなかった。一方の政府軍は総勢5万2000で西郷軍の約2倍の兵力があったが、それよりも大砲と弾薬の物量が圧倒的に優勢だった。基本的には集団戦術に徹し、火力の集中や海軍力の活用で、西郷軍を徐々に追い詰めていったである。

開戦から7ヶ月後の9月24日、鹿児島の城山に追い詰められた西郷とのそのわずかな部下たちは、政府軍の総攻撃の前に壊滅。西郷は混戦の中で部下の別府晋介に「もう、ここらでよか」と言って介錯を受け、死去した。

旧武士階級最後の大物だった西郷の死後、士族の反乱は起こらなくなり、明治政府への批判勢力は自由民権運動に転じ、日本の民主政治を形成していくことになる。

**さいごう・たかもり**●1828年、薩摩国（現・鹿児島県）生まれ。下級士族の出身だったが藩主・島津斉彬に見いだされて出世。明治維新のリーダーのひとりとなる。日本初の陸軍大将となるも下野。77年に鹿児島の不平士族らと西南戦争を起こし敗北。自刃した。

空母に乗った「水雷屋」

# 南雲忠一

## 適材適所を阻んだ年功序列の壁

日本海軍の悪弊として常に指摘されているのが、その硬直化した人事制度であった。人事はほとんど年功と海軍兵学校卒業時の成績順位に左右され、大胆な抜擢人事のようなものは、まずなかった。

日本海軍初の空母機動部隊、第一航空艦隊が編成されたのは昭和16（1941）年4月のことだが、その司令長官に任命された海軍中将・南雲忠一は、長く水雷畑を歩んできた人物で、航空作戦に関してとくにこれといった経験はなかった。海軍の空母部隊を手塩にかけて育ててきたのは海軍中将・小沢治三郎だったが、年功序列で南雲が第一航空艦隊司令長官に就任することとなる。

無論、海軍首脳も南雲が航空戦の専門家ではないことを分かっており、その分野に詳しい海軍少将・草鹿龍之介を第一航空艦隊参謀長に、海軍中佐・源田実を同・航空参謀に就けて、南雲をサポートする体制を整えていた。その結果第一航空艦隊の初陣たる、同年12月8日の真珠湾攻撃は大成功を収める。

第一航空艦隊はその後、太平洋の各戦線やインド洋にまで足を延ばして転戦。いずれも大戦果を上げ、艦艇の損失は軽微だった。

昭和17（1942）年5月、連合艦隊司令部から第一航空艦隊は、ハワイ諸島北西にあるミッドウェー島の攻略を命令される。このとき、第一航空艦隊は各地への転戦を重ねた結果、将兵たちの疲労がきわめて蓄積している状況だった。また、航空作戦に疎い南雲を変えるべきとの声も海軍内にはあったが、第一航空艦隊は太平洋戦争開戦以来、まさに無敵といえる勝利を重ねていた。「ここで司令官を変えたら、士気が下がる」と海軍首脳は最終的に判断し、そのまま第一航空艦隊をミッドウェー島へと向かわせた。南雲は各艦の補修、兵員の休養、合同訓練の必要性を指摘したが、海軍では作戦実行が優先された。

## ミッドウェーの敗北からサイパン玉砕へ

アメリカ軍は暗号解読などの結果から、日本軍がミッドウェーへ侵攻してくることを予測していた。また、両軍の空母機動部隊が激突した珊瑚海海戦で損傷し、戦列を離れていた空母『ヨークタウン』の修理が予想以上にスムーズに進み、ミッドウェーに急きょ配備できるようになったことも、アメリカ側が得た思わぬアドバンテージとなる。

同年6月5~7日にかけて行われたミッドウェー海戦で、第一航空艦隊は虎の子の空母4隻を失う、手痛い敗北を喫してしまった。

ミッドウェーでの敗北後、南雲は第三艦隊司令長官に就任。ソロモン海戦などを戦う。また、第一艦隊司令長官、中部太平洋方面艦隊司令長官兼第十四航空艦隊司令長官などを歴任し、サイパン戦を戦って自決した。

南雲は航空戦の知識こそなかったが、決して愚将などではなく、専門の水雷畑では人情味のある猛将タイプの好漢として通っていた。第一航空艦隊においても、たとえば操艦など、航空作戦に関係ない分野での指揮ぶりには目を見張るものがあったとする証言もある。しかし、日本海軍の年功序列の慣習が、南雲を第一航空艦隊の司令長官に抜擢させてしまい、その能力を十分に発揮できない状況に追い込んでしまったのかもしれない。

**なぐも・ちゅういち●**1887年、山形県生まれ。海軍兵学校卒、海軍大学校卒。佐官時代は政治活動にも関心を見せる。太平洋戦争開戦期に第一航空艦隊長官に就任。真珠湾攻撃を成功させるも、ミッドウェー海戦で敗北。1944年、サイパンで自決。最終階級は大将。

カミソリと呼ばれた軍人宰相

# 東條英機

## 「統帥権の独立」に翻弄され独裁者になれず

大日本帝国憲法の第11条には、「天皇は陸海軍を統帥す」という文言があった。つまり、大日本帝国陸海軍は憲法上、天皇に直属している存在である。日清、日露戦争時など明治の元勲といった存在がまだ生きている頃は、この規程がなにか問題になるようなことはほとんどなかった。そのため伊藤博文のような軍歴を持たない総理大臣が、公然と軍の作戦に口を出すこともあったが、それがとくに騒がれたこともない。

しかし、そうした元勲が次々と世を去り、昭和の時代を迎えると、大日本帝国憲法第11条は、政治的な意図からおかしな利用をされることとなる。つまり、軍隊は天皇に直属している存在なのだから、総理大臣や国会などあらゆる政治権力からの指示には従わなくていい、という論法が出てくる。これが統帥権の独立である。ここから統帥権干犯問題というものが生まれ、昭和初期の日本政治のなかで、軍は治外法権のような存在となって、さまざまな暴走を行うようになった。

## 東條政権の影

対米開戦直前の昭和16（1941）年10月に、陸軍大将で陸軍大臣の東條英機が総理大臣に就任したことには、明確な意味がある。当時、日米はすでに一触即発の状況に置かれていた。それは中国とインドシナの権益をめぐって引き起こされた面が多分にあり、その状況を生んだのは陸軍の暴走である。しかも陸軍は対米開戦を望んでいるかのような様相さえあった。ときの内大臣・木戸幸一は陸軍を抑えるのは実力者の東條が適任と考え、首相に推挙。天皇も戦争回避を希望しており、東條は天皇の意を受ける形で戦争回避に向けて尽力したものの、日米の対立はさらに深刻化し、同年12月8日に日本はアメリカとの戦争に突入する。そうなった以上、東條がするべきは、戦時国家の指導者として日本を勝利に導くことであった。

しかし、ここで軍人宰相（さいしょう）・東條の足を引っ張ったものこそが統帥権だった。軍は軍人である東條に対しても、「統帥権の独立」を盾に、その政権の意に服することをよしとしなかった。緒戦の勝利を重ねているうちはよかったが、アメリカの本格反攻が始まった昭和18（1943）年頃から、東條は政権運営に焦りを見せ始める。昭和19（1944）年2月、すでに兼任していた陸軍大臣に加え、作戦立案などを司る参謀総長の職も兼務。ただし、これには軍部から「統帥権を侵害する憲法違反行為」との批判が猛然と湧き起こり、東條は軍出身ながら軍部という後ろ盾をほとんど失ってしまう。

東條は軍官僚としては優秀な存在で、「カミソリ東條」の異名で知られたほどの人物だったが、陸軍内で敵も多かった。昭和19年には軍や政界、民間などあちこちで東條暗殺計画が練られていたほどで、ついに同年7月、サイパン島の陥落の責任を取るという形で退陣を余儀なくされた。

戦時中の日本を強権支配した独裁者のようにいわれることもしばしばある東條だが、現実的には独裁者になりきれなかった。終戦直後、自殺を図るが死にきれず、GHQに戦犯として逮捕され死刑判決。1948年12月23日、絞首刑に処せられた。

**とうじょう・ひでき**●1884年、東京生まれ。陸軍士官学校卒、陸軍大学校卒。関東軍参謀長、陸軍次官、陸軍大臣などを歴任し、1941年10月、首相に就任する。陸相、内相、軍需相、参謀総長などを兼務するがサイパン陥落で辞任。戦後A級戦犯とされ、48年に絞首刑。

軍事充実が国家建設の基本

# アドルフ・ヒトラー

## 戦線を拡大しすぎたあまり無敵ドイツ軍も破綻

アドルフ・ヒトラーは第二次世界大戦当時、ドイツの首相であり国家社会主義ドイツ労働者党、通称ナチ党の党首であった。ヒトラーは第一次世界大戦でのベルサイユ条約の影響からの脱却を目指し、徹底した軍事強化と領土拡大によってドイツ民族が世界を指導するべきだと考えた。

ヒトラーはもともと反ソ連を標榜していたが、1939年に突如、宿敵のソビエト社会主義共和国連邦（ソ連）のヨシフ・スターリンと独ソ不可侵条約を調印。そのわずか9日後にはポーランドへ侵攻を開始した。このとき、ポーランドとの間に相互援助条約を結んでいたイギリスとフランスはドイツに対し宣戦布告を行い、第二次世界大戦が開始された。一方ソ連も、その16日後にポーランドに侵攻し、10月6日には独ソ両国によってポーランドは分割されてしまう。

フランス軍は独仏国境に対して〝マジノ線〟と呼ばれる要塞地帯を構築していたが、ドイツ軍は突如として中立国のベネルクス三国（ベルギー、オランダ、ルクセンブルク）に侵攻してこれを制圧。ベルギーの国境線からフランス国内に入り、快進撃を開始した。機動力を活かした電撃戦で、短期間でフランス国内を席巻。英仏連合軍はフランス本土最北端のダンケルクから決死の撤退戦によって、イギリス本島へと撤退していった。ついには無防備都市となっていたパリに入城、フランス軍は降伏文書に調印させられてしまう。ヒトラーは開戦からわずか1年間で、西部戦線を掌握しヨーロッパ大陸から連合国軍を駆逐した。

しかしヒトラーは、さらなる戦線の拡大を求めていく。イギリス占領を目指して空襲をかけたバトル・オブ・ブリテン、北アフリカのイギリス軍を駆逐する北アフリカ戦線、ユーゴスラビアやギリシャの制圧を目指すバルカン戦線などを同時に拡大させ、さらに1941年には不可侵条約を締結していたソ連への侵攻を開始する。

東部戦線でもドイツ軍は快進撃を展開し、ソ連西方の都市・スモレンスクを陥落させモスクワまで侵攻。しかしソ連軍はここで頑強に抵抗し、モスクワ包囲戦でドイツ軍の快進撃は止まった。それでも戦線拡大はやめず、油田地帯であるスターリングラードの侵攻を目指すが、ここでドイツ軍の進撃は頓挫してしまう。西部戦線でもイギリスへのバトル・オブ・ブリテンは成果が上がらず、その間にアメリカが参戦したことで、ヒトラーの作戦は失敗へと転がりだす。

## ドイツ軍の強さを過信した

ヒトラーはもともと国家の根幹は軍事力にあると考えていた。首相になってからすぐに軍政改革に着手したし、兵器の開発には莫大な予算を投下した。第二次世界大戦の作戦立案も軍事の専門家に任せることをせず、ことごとく口を出し自分の主張を押し通した。しかし、ヨーロッパ大陸のほぼ全域から北アフリカ、ソ連まで侵攻したことによって兵力を分散させてしまい、明らかにドイツの軍事力の限界を超えた侵攻を行ってしまった。失敗の原因は明らかに、ヒトラーの過信といえるだろう。

東部戦線のスターリングラードでドイツ軍は敗北し、反撃を開始したソ連軍に押し込まれていく。西部戦線でもノルマンディー上陸作戦を成功させた連合国軍にフランスでの占領地域を拡大され、ついにはドイツ本土にまで攻め込まれてしまう。首都のベルリンに留まっていたヒトラーは東西両方面から進攻してくる連合国軍に本土の蹂躙を許すこととなり、ベルリン陥落の直前に愛人エヴァ・ブラウンとともに自殺した。

**Adolf Hitler**●1889年、オーストリア＝ハンガリー帝国生まれ。第一次世界大戦に兵士として出征したが戦後は政治家を目指してナチ党を結成。1933年、ドイツ国会選挙に勝利して首相となり、第二次世界大戦を指導。45年に連合国軍のベルリン侵攻により自殺した。

孫文の後継者

# 蔣介石

## アメリカの支援を得られず毛沢東に追われた

中国の清王朝が倒れたのは、日本が大正時代を迎えた1912年のことである。清を打倒したのは、南京で成立した中華民国臨時政府で、その初代臨時大総統に就任したのは革命家の孫文だ。

しかし、孫文には中国全土への影響力がなく、翌年、首都・北京では清の実力者だった袁世凱（えんせいがい）が中華民国臨時大総統に就任する。しかし、袁世凱政権も実質的には一軍閥（ぐんばつ）でしかなく、中国は軍閥の割拠する戦国時代のような状況に突入してしまう。しかも、そうした混乱に乗じて欧米列強がさまざまな介入を行うようになり、20世紀初期の中国は、文字通りボロボロの状況にあった。

しかし、1916年に袁世凱が病死すると、再び孫文派が勢いを増していく。孫文の国民党は中国各地に割拠する軍閥に戦いを挑み、中国統一に動き出す。孫文はその戦いの途上、「革命いまだならず」という言葉を遺して58歳で死ぬが、いまなお中華人民共和国でも中華民国（台湾）でも、「国父」として仰がれている。

蔣介石（しょうかいせき）は、そんな孫文の後継者として1926年に国民党のトップになった人物である。蔣は北京周辺に強力に陣取った当時の軍閥勢力の代表格、北洋軍閥に対して「北伐」と称する猛烈な攻勢を展開。1928年6月に北京を占領して中国の統一を宣言する。そして蔣は同年10月、南京を首都とする国民政府の主席に就任するのである。

## 抗日、そして台湾へ

しかし、そんな蔣の国民政府に1937年、日中戦争勃発という災難が降ってかかる。蔣は当時、中国国内で一定の勢力を保持していた中国共産党を強く警戒しており、同党への攻勢を強めていたが、日本軍への対抗上、共産党と手を結ばざるをえなくなる。

蔣の妻の宋美齢（そうびれい）は英語に堪能な国際派であり、第二次世界大戦中は実際にアメリカを訪問するなどして日本を非難、国民政府への協力を呼びかけ成果を上げていた。しかし、国民政府はなかなか思うように日本軍へ対抗できず、とくに１９４４年４月から12月にかけて日本軍が敢行した大陸打通作戦に敗れたときの損害は、その後の国民政府の行動を大きく制約することとなる。

また、蔣は中国共産党と合同で日本軍に対抗してはいたが、心の底では彼らをまったく信頼していなかった。蔣は共産党への物資補給などを渋り、日本を退けた後はすぐ共産党を打倒しなければならないという考え方から、さまざまな権限を自身や側近たちに集中させて、共産党やそのシンパたちに甘い顔をしなかった。当時のアメリカ大統領、フランクリン・ルーズベルトは宋美齢ときわめて親しく、こうした蔣の態度に意見することもなかったが、まだ第二次大戦の終わらない１９４５年４月12日にルーズベルトは病死。代わってアメリカ副大統領から大統領に昇格したハリー・トルーマンとその政権スタッフらは、「中国は国共が一致して日本に対抗するべきだ」と、蔣に詰め寄った。
　１９４５年8月15日の日本の敗戦の直後から、中国国内では国民政府と共産党の内戦が開始される。これが国共内戦と呼ばれる戦いで、アメリカが蔣介石をとくに強力に支援しなかった一方、毛沢東率いる中国共産党に対しては、ソビエト連邦が協力を惜しまなかった。戦況は次第に共産党優位となり、１９４９年10月1日、毛沢東は北京で中華人民共和国の建国を宣言する。一方の蔣介石は同年12月、中国大陸を追われ台湾に逃亡、台北を中華民国の臨時首都と宣言した。そしていまなお、その状況は続いている。

**Chiang Kai shek**●1887年、清国の浙江省生まれ。日本の陸軍士官学校に学ぶ。孫文の同志となり、軍閥勢力の打倒に尽力する。国民政府のトップとして抗日戦を指導するが、日本の敗戦後、中国共産党との内戦に敗れる。1975年、台湾で死去。

## 参考文献


- ルイス・フロイス著、松田毅一・川崎桃太訳『完訳フロイス日本史〈1〉～〈12〉』中央公論新社
- 太田牛一著、中川太古訳『現代語訳 信長公記』中経出版
- 木元寛明『戦術の本質』SB クリエイティブ
- 木元寛明監修『カラー図解 戦争は戦術がすべて　世界史を変えた名戦術 30』宝島社
- 兵藤裕己校注『太平記〈1〉～〈6〉』岩波書店
- 石母田 正『平家物語』岩波書店
- 佐藤正英 校正・訳『甲陽軍鑑』筑摩書房
- 二木謙一 校注『明智軍記』KADOKAWA
- 旧参謀本部編『関ヶ原の役　日本の戦史』徳間書店
- 司馬遷著、大木 康翻『現代語訳　史記』筑摩書房
- 金谷 治訳注『新訂 孫子』岩波書店
- 岡田英弘『モンゴル帝国の興亡』筑摩書房
- カール・フォン クラウゼヴィッツ著、金森誠也訳『クラウゼヴィッツのナポレオン戦争従軍記』ビイングネットプレス
- 白石典之『モンゴル帝国誕生 チンギス・カンの都を掘る』講談社
- アレッサンドロ バルベーロ著、西澤龍生監訳、石黒盛久訳『近世ヨーロッパ軍事史ールネサンスからナポレオンまで』論創社
- 長谷川博隆『ハンニバル　地中海世界の覇権をかけて』講談社
- H・ノーマン シュワーツコフ著、沼沢治治訳『シュワーツコフ回想録―少年時代・ヴェトナム最前線・湾岸戦争』新潮社
- 望田幸男『ドイツ統一戦争―ビスマルクとモルトケ』教育社

**黒井文太郎**(監修) くろい・ぶんたろう

1963年、福島県生まれ。横浜市立大学卒。講談社、月刊『軍事研究』特約記者、『ワールド・インテリジェンス』編集長などを経て軍事ジャーナリスト。著書・編著に『北朝鮮に備える軍事学』(講談社)、『インテリジェンス戦争』(大和書房)、近著に『新型コロナで激変する日本防衛と世界情勢』(秀和システム)などがある。

| | |
|---|---|
| 装丁・本文デザイン | bookwall |
| DTP | 一條麻耶子 |
| 編集 | 湯原浩司 |
| 執筆 | 小川寛大<br>井上岳則<br>西村 誠 |
| 画像提供 | 東京大学資料編纂所<br>小田原城天守閣<br>国立国会図書館<br>東京都立図書館<br>アフロ<br>フォトライブラリー |

宝島社新書

# 教養としての「軍事戦略家」大全
## 歴史に学ぶ勝利の絶対法則
（きょうようとしての「ぐんじせんりゃくか」たいぜん
れきしにまなぶしょうりのぜったいほうそく）

2020年11月23日　第1刷発行
2022年 5 月12日　第2刷発行

監　修　黒井文太郎
発行人　蓮見清一
発行所　株式会社　宝島社
〒102-8388 東京都千代田区一番町25番地
電話：営業　03(3234)4621
　　　編集　03(3239)0646
https://tkj.jp
印刷・製本：中央精版印刷株式会社


ISBN 978-4-299-01089-6